麥田金的軟糖解密

Gummy Decryption

掌握糖漿、水分、溫度、甜度製作關鍵
從基礎脆糖到風味軟糖
50款職人級完美配方全解析

麥田金
著

目錄

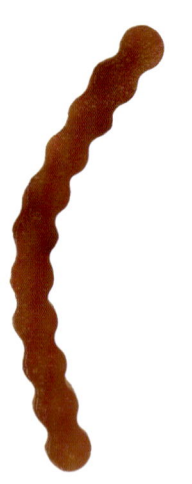

| 008 | 推薦序 |
| 012 | 作者序 |

Part 1 軟糖的基礎

015	什麼是軟糖？
017	軟糖製程中的美味關鍵
020	軟糖原料的特性與選用

Part 2 經典脆糖——製糖基礎

026	香脆花生黑糖
030	香脆雙子酥糖
034	養生紅藜麥芝麻脆糖
038	蜜汁脆腰果
042	能量燕麥堅果棒
046	高鈣杏仁小魚乾
052	小雞麵脆餅
054	青花椒脆米菓

Part 3 果膠型軟糖

- **058** 蜜桃軟糖
- **062** 麝香葡萄軟糖
- **068** 芒果百香果軟糖
- **070** 西西里柑橘軟糖
- **072** 藍莓黑醋栗軟糖

Part 4 明膠型軟糖

- **078** 果汁小熊 QQ 糖
- **084** 可樂 QQ 糖
- **086** QQ 薑糖
- **090** 爆漿果汁 QQ 糖
- **092** 零卡小熊 QQ 軟糖

Part 5 咀嚼型軟糖

- **096** 太妃威士忌牛奶糖
- **102** 松露海鹽牛奶糖
- **104** 咖啡派對糖
- **108** 雙色巧克力牛奶糖
- **110** 抹茶香草牛奶糖

Part 6 凝膠型軟糖

- 114　黑糖夏威夷杏仁軟糖
- 118　香Q莓果軟糖
- 122　金桔檸檬軟糖
- 126　人蔘松子桂花軟糖
- 130　香檳棗泥核桃糖
- 134　焦糖海鹽火山豆軟糖

Part 7 充氣型軟糖

- 140　傳統花生牛軋糖
- 144　鬆軟花生牛軋糖
- 148　素花生牛軋糖

Part 8 風味糖團的延伸變化

- 154　**原味糖團／**

　　　蘇打牛軋餅・繽紛水果牛軋糖・蔓越莓雪Q餅

- 160　**巧克力糖團／**

　　　黑糖奇福牛軋餅・法芙娜巧克力牛軋糖・彩色脆球雪Q餅

166	**咖啡糖團／**
	方塊咖啡牛軋餅・咖啡榛果脆脆牛軋糖・杏桃雪Q餅
172	**抹茶糖團／**
	抹茶牛軋餅・抹茶無花果牛軋糖・無花果雪Q餅
178	**茶香糖團／**
	柚香金萱牛軋餅・柚香杏仁牛軋糖・芭樂柚子雪Q餅
184	**草莓糖團／**
	草莓牛軋餅・草莓夏威夷牛軋糖・草莓凍乾雪Q餅

推薦_1

麥金田老師——甜點界的創新職人，以專業且風趣的教學風格深受喜愛。不僅精通製糖技術，更熱衷於分享知識，幫助無數學員從零開始，掌握手工糖果的奧秘。這本《麥田金的軟糖解密》正是她多年經驗的結晶，讓讀者能夠從基礎理論到實戰操作，全面提升製糖技藝。

不僅拆解糖漿、水分、溫度、甜度之間的關聯，還提供50款精選配方，每一款都經過無數次測試與調整，確保成品的口感與穩定度。無論是居家製作，還是甜點創業，這本書都將是不可多得的寶典。

成功的甜點來自細節與熱情，讓我們一起翻開這本書，跟隨麥金田老師的腳步，在這場甜蜜的旅程中，創造屬於自己的美味奇蹟！

台中市糕餅公會理事長——紀旭東

推薦_2

麥金田老師——知名甜點職人與網路教學達人，擅長將複雜的製糖技術轉化為清晰易懂的知識，幫助無數人踏入手作甜點的世界。《麥田金的軟糖解密》不僅是一本食譜，更是一本結合科學與工藝的專業指南。

軟糖的製作看似簡單，實則充滿細節——糖漿的比例、水分的控制、溫度的拿捏，每一個環節都影響著成品的口感與品質。無論是甜點愛好者、專業烘焙師，或是有志於創業的朋友，這本書都將成為你的最佳導師，帶你進入軟糖的繽紛世界，創造出獨一無二的美味作品。讓我們一起跟隨麥金田老師，解密這門甜蜜的技藝！

台中永誠行董娘——廖淑珍

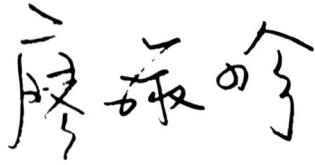

推薦_3

阿潘很榮幸能為糖果女王麥田金老師的新書《麥田金的軟糖解密》寫推薦序！麥老師的糖果課為烘焙圈的學員們帶來了不少商機，現在又推出了這本新書，真是令人期待！無論您是甜點新手還是有經驗的老手，這本書絕對值得收藏。

它將帶您從「喜歡吃糖」蛻變成「會做糖」的糖果小達人。書中有許多易於上手的配方，讓您可以輕鬆製作美味的軟糖。讓我們一起跟著麥田金老師進入這個療癒又好吃的軟糖世界，讓家裡瞬間變成糖果工坊吧！

阿潘肉包負責人／食藝谷廚藝空間負責人——潘美玲

推薦_4

一路走來，見證麥麥老師在資歷、旅歷、經歷及技術層面，皆不斷從國內外學習精進來回饋大眾。

麥麥老師持續探索著烘焙創意新潮流，隨著食品加工業蓬勃發展，秉持對烘焙的專業知識努力投入研發技術，無不讓我們感動著。尤其對於糖的精準拿捏、黃金比例的配方設計，更可窺見麥麥老師在製糖專業上的變化創新、簡析易懂及熟練技法，專業教學風格獨樹一格。

感謝麥麥老師為烘焙作出努力與貢獻，糖之解密極致鉅獻、味蕾震撼。很榮幸認識麥麥老師，力推給每一位讀者，期待您能有更多收穫。

社團法人宜蘭縣餐飲推廣協會理事長——林麗惠

推薦_5

身為大台南市社區工會教室的負責人,非常榮幸能與麥田金老師合作多年,開設深受學員喜愛的糖果課程。每次課程一開放報名總是火速額滿,而在課後回饋中,最常聽到同學說的就是:「終於對煮糖有信心了!」

麥田金老師以紮實的技術、耐心細緻的教學風格,帶領學員一步步掌握煮糖關鍵,不僅打破大家對製糖的恐懼,更讓大家親手做出外型精緻、口感軟Q不黏牙、並且使用高品質食材的美味軟糖。

這本《麥田金的軟糖解密》不只是她多年的技術累積,更是她對教育與甜點的熱愛結晶。從基礎原理到50款職人級配方,內容完整且實用,無論你是想入門、進修或朝創業發展,這都是一本值得收藏與反覆閱讀的指南。誠摯推薦這本書,也衷心感謝麥田金老師多年來在教學上的付出與貢獻!

大台南市社區工會理事長──林慧萍

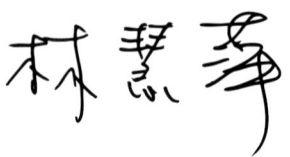

推薦_6

與麥麥老師相識於烘焙人最高學府──中華穀類工業技術研究所,20多年來總能感受到麥麥老師對產品的精細要求、還要能淺顯易懂地表達,讓學習的學員或是讀者都能夠輕鬆上手,這次推出糖果系列解密的書籍,真的好令人期待~

這本書是糖果愛好者的絕佳指南,無論是新手還是經驗豐富的烘焙人,都能在其中找到靈感。從糖果的基礎知識到脆糖、果膠&明膠軟糖等多種糖果類別,內容詳盡而有系統,讓讀者輕鬆掌握製作技巧。

此外,書中涵蓋多種口味變化,從傳統到創新應有盡有,滿足不同需求。每個步驟皆清楚解說,搭配親自實作確認的專業配方,讓讀者不再害怕失敗。這不僅是一本食譜書,更是一本能啟發創意、帶來甜蜜樂趣的寶藏,值得每位烘焙愛好者收藏。

以旺幸福果子工坊主理人／台灣蛋糕協會副會長／
台北市糕餅工會理事──陳郁芬

 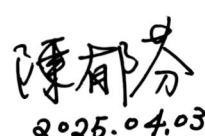

推薦_7

在烘焙與甜點的世界裡，糖不只是甜味來源，更是質地、風味與口感的靈魂。依照我對麥老師的了解，其專業素養以及對於食材堅持的職人精神，都呈現在《麥田金的軟糖解密》這本書中，以深入淺出的方式，帶領讀者破解軟糖的製作奧秘。從糖漿變化、水分與溫度的控制到甜度拿捏，每個環節都解析地極其細膩。

這本書不僅適合甜點愛好者，也為想將手作軟糖發展為事業的人，提供了完整的技術與經驗分享，包括基礎知識、專業配方，與50款職人級軟糖的詳細解析。無論你是初學者，還是對於糖果製作充滿熱情的專業人士，這本書都將是你不可或缺的指南。翻開這本書！讓我們一起探索軟糖世界的精髓吧！

烘焙界麵包名師／知名暢銷食譜作家／
緯柏國際食品企業公司首席技師──熊俊傑

推薦_8

在易烘焙教室裡，麥田金老師的糖果課程一直是詢問度最高的項目之一，每每開課總是迅速額滿，學員們對於老師的專業知識與教學熱忱讚不絕口，更是不斷期盼老師能將其獨到的軟糖製作技巧集結成冊。現在，這個願望終於實現了！

《麥田金的軟糖解密》正是麥老師多年來在軟糖領域深耕細作的智慧結晶。軟糖看似簡單，實則不然，其間對於糖漿的熬煮、水分的掌握、溫度的精確控制及甜度的完美平衡，每一個環節都至關重要，牽動著最終的口感與質地。麥老師以其深厚的功力，將這些看似複雜的know-how，透過清晰易懂的文字與詳盡的步驟，由淺入深地為讀者一一解密。

書中不僅涵蓋紮實的基礎理論與進階技巧，更收錄了高達50款的職人級完美配方，無論您是剛入門的烘焙新手，或是希望精進技巧的甜點愛好者，都能跟隨著麥田金老師的引導，逐步掌握軟糖製作的精髓。我由衷推薦這本兼具實用性與專業性的《麥田金的軟糖解密》，相信它將引領您進入一個充滿甜蜜與驚奇的軟糖世界！

易烘焙──Tiffany

作者序

親愛的讀者朋友們：

糖——是食物的靈魂、是讓心情愉悅的養分。在這個充滿甜蜜與創意的世界裡，能夠與讀者們分享我對糖的熱愛，實倍感榮幸。時光荏苒，創作生涯中第一本出版的《麥田金的解密烘焙：糖果》，已經有23次再刷，感謝大家對糖果書的支持。新作《麥田金的軟糖解密》則是我創作旅程中的第十五本書，它承載著麥麥對軟糖的深厚情感，與無窮探索。

料理是一種科學，煮糖是一連串的物理反應和化學變化，就像變魔術一樣的有趣。當我踏入製作糖果的領域時，軟糖的每一個細節都深深吸引著我；糖漿的質感、水分的調控、溫度的掌握以及甜度的微妙，這些都是成功的關鍵。我希望透過這本書，讓每一位讀者都能夠了解這些基本要素，並從中發現製作軟糖的樂趣與成就感。無論你是初學者還是有經驗的糖果愛好者，這裡都有值得你探索的知識和技巧。

此外,這本書特別設計了50款職人級的完美配方,讓你不僅能在家中嘗試製作,更能在未來的創業之路上,找到靈感與方向。每一款配方都是我心血的結晶,希望它們能成為你創造甜蜜事業的起點。

在這裡,我要特別感謝我的工作團隊,因為有你們的協助與試吃,讓我在口味的創作中不斷進步。也感謝麥浩斯出版社的編輯群,因為有你們的支持與努力,才能讓這本書得以順利誕生。最重要的是感謝攝影師,你的鏡頭捕捉了糖果的每一個瞬間,讓這本書的內容更加生動。

願這本《麥田金的軟糖解密》能夠帶給你們糖果創作靈感與甜蜜的回憶,讓我們一起在這個充滿糖果夢想的世界中,探索更多的可能性。

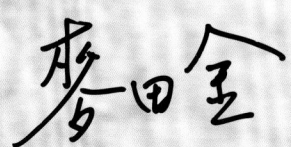

PART 1

軟糖的基礎

掌握結構、製程與風味設計
進入手工糖果的世界

- 什麼是軟糖？
- 軟糖製程中的美味關鍵
- 軟糖原料的特性與選用

什麼是軟糖？

軟糖是一種富有彈性、口感柔軟的糖果，通常以糖、凝膠類材料（如明膠或果膠）、水果及其他食材製成，並可依需求加入香料、色素與酸味劑，增添風味與吸引人的外觀。這類糖果不僅色彩繽紛、風味多變，更擁有豐富的形狀與造型，深受各年齡層喜愛，是市場接受度極高、廣受歡迎的糖果類型。

軟糖的特性

- **柔軟Q彈**
  軟糖的質地通常是柔軟、有彈性的，這使得它們容易咀嚼。
- **口味多元**
  從水果味到巧克力、咖啡、薄荷等，能做出變化豐富的口味。
- **造型百變**
  可透過模具製成小熊、星星、心形等各式造型，外觀多變更具吸引力。市售軟糖則常用人工色素，呈現鮮豔色彩。
- **含糖量高**
  大多數市售軟糖的糖分偏高，不僅帶來甜味，也能延長保存時間，但基於健康概念，本書中的配方皆調整過糖量比例，讓產品甜度適中，更能安心享用。

軟糖不僅具有獨特口感與視覺魅力，也因其多元的成分與製程變化，發展出豐富類型與風味組合。無論以膠質來源分類或依甜度與口味設計區分，都展現出極高的創作彈性與潛力。

軟糖的分類

- **明膠軟糖**

最常見的軟糖類型，以明膠作為主要的增稠與凝固劑，質地Q彈、富有嚼勁，如小熊軟糖即屬於此類。

- **果膠軟糖**

以果膠（原料多來自水果）為主要成分，不含動物性膠質，這類軟糖通常是素食者友好。果膠軟糖的口感較為柔軟，常見於法式水果軟糖。

- **澱粉軟糖**

使用澱粉作為基底，製成的軟糖質地通常較為結實、有韌性，與明膠軟糖的Q彈感不同。

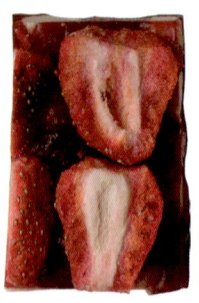

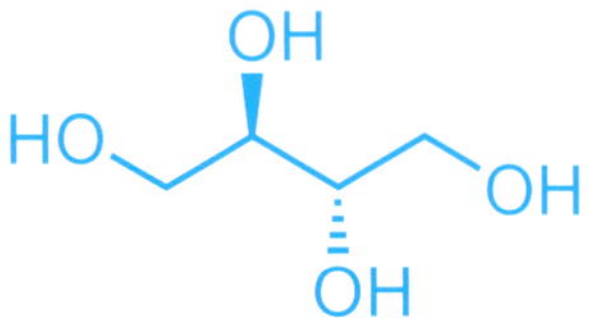

- **無糖軟糖**

使用糖醇或其他替代甜味劑製成，不含蔗糖，適合需控制糖分攝取的族群。

- **酸味軟糖**

這類軟糖在配方中添加酸味劑（多使用檸檬酸），通常帶有酸甜口感，受到許多人的喜愛。

三 軟糖製程中的美味關鍵

軟糖製作看似簡單，實則涉及豐富的科學原理與精細步驟。從原料選擇、比例調配，到熬煮溫度與凝膠成型，每一個環節都相互作用，影響最終的質地、口感與風味。本書即以這些製作核心為基礎，透過嚴謹的配方與流程設計，讓軟糖在口感、風味與造型上都能達到消費者的喜好與期待，呈現出專業而迷人的手作糖果魅力。

成分的選擇

- **糖類**

提供甜味與能量，能決定糖果的結構與硬度，通常使用蔗糖與葡萄糖。不同糖的溶解性和結晶性也會影響最終質地，如葡萄糖可降低結晶，使糖果更柔軟。

➡ 配方中增加糖的總量會使糖果變得更硬，因糖的濃度提高會增加糖果結構的穩定性；反之，降低糖的比例會讓糖果變更軟。

- **水分**

用於軟糖製作時的溶液，水的比例會影響硬度和口感。配方中的水分含量應控制在10%以下；水分過多會使軟糖無法定型，過少則可能太硬。

➡ 煮糖漿的過程中，控制蒸發程度也會影響最終的水分含量，從而影響軟糖的軟硬度。

- **增稠劑**

明膠（吉利丁／動物性）： 一種天然膠凝劑，賦予軟糖結構和彈性。以動物皮、骨內的蛋白質（亦即膠原蛋白）經過水解製成，主

要成分為蛋白質，帶淺黃色透明，是一種無味的膠質，常見有粉狀及片狀兩種。

果膠（植物性）：通常從柑橘類果皮中萃取而得，呈現淡黃色或白色粉末，具有凝膠、增稠與乳化等功能。

➡ 明膠與果膠能提升彈性與柔軟度，前者常用於Q彈軟糖，後者則見於果味糖；此外，澱粉、洋菜膠等也具有調質效果。

- **酸味劑**

最常使用檸檬酸（Citric Acid）、蘋果酸（Malic Acid），可平衡甜度、提升清爽感、增加風味層次，亦能改善保存性與柔軟度。

➡ 軟糖的甜度平衡非常重要，讓味覺豐富不膩口。使用替代甜味劑（如糖醇或天然甜味劑）也能調整甜度並降低熱量。

- **香料與色素**

如薄荷、香草等，賦予軟糖更多風味組合、提升香氣；適度加入天然或人工色素，則帶來繽紛誘人的視覺效果。

混合與加熱

依配方比例混合原料並加熱，使糖充分溶解，並讓明膠轉化為液態，形成均勻的糖膠混合物。煮糖過程中，控溫關鍵在於確保明膠完全溶解，同時避免溫度過高焦糖化，建議加熱溫度為115～130°C。

➡ 加熱溫度會影響糖的結晶和濃稠度，溫度高糖漿會變濃稠，使糖果變得更硬，反之則較軟。

冷卻與凝固

將加熱完成的糖膠混合物倒入模具,靜置冷卻。在溫度降低的過程中,明膠分子會重新排列並形成穩定的三維網絡結構,這種結構正是軟糖能保持彈性與形狀的關鍵。

➡ 冷卻速度也會影響質地,快速冷卻易變硬,緩慢冷卻的話,糖果則較柔軟。

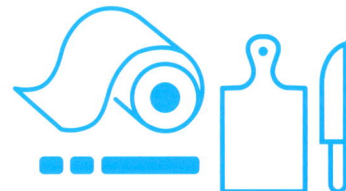

切割與包裝

等軟糖完全凝固後,即可將軟糖從模具中取出,依需求切割成各種形狀和大小。最後進行密封包裝,不僅能保持糖果的新鮮與風味,也能有效防止受潮、延長保存期限。

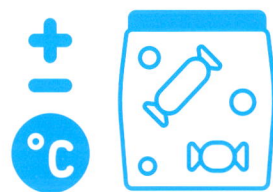

儲存與穩定性

為了維持軟糖質地與風味,建議存放於陰涼乾燥處,避免濕度過高導致糖果吸濕變黏(但也不宜太乾燥可能會讓糖果變硬)。

質地與口感

軟糖的質地與口感,取決於明膠濃度、糖的種類與比例,以及其他添加劑的使用。不同的配方組合,會產生不同的嚼勁和彈性。

|黑糖|

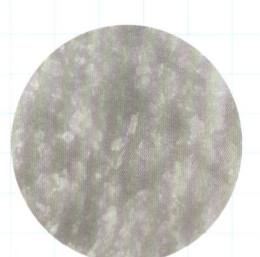
|海藻糖|

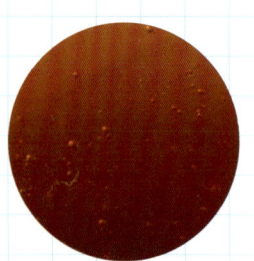
|蜂蜜|

|水麥芽|

三 軟糖原料的特性與選用

軟糖的主要食材有糖、增稠劑、水、酸味劑、香料與色素等。這些成分的選擇與比例，是決定軟糖質地、口感與風味的關鍵；尤其增稠劑的運用，如明膠提供彈性嚼勁、果膠營造柔滑口感、洋菜賦予脆Q結構、澱粉帶來紮實咬感，皆可依照產品特性調整。

糖（Sugar）

A. 固體糖

a. 蔗糖（雙醣）

甘蔗為主要原料，如細砂糖、特級砂糖、糖粉、冰糖、方糖、粗糖、紅糖與黑糖等，皆屬於蔗糖類，製作軟糖時都可選用，作為甜味來源與結構成分。特性如下：

① **高甜度**：蔗糖的甜度為標準甜度參考值（甜度100%），屬於甜味明顯且無刺激性的糖類。
② **良好的水溶性**：常溫下可快速溶解於水中，形成透明無色的糖液，是飲品與糖果中理想的甜味劑。
③ **加熱穩定性良好**：蔗糖在高溫或酸性條件下，會水解為還原糖（葡萄糖與果糖）；在高溫加熱時，會發生焦糖化反應（梅納反應），產生獨特香氣與色澤。
④ **促進其他成分溶解**：蔗糖能幫助某些風味食材、香料、色素等更好地溶解，提升整體風味體驗。

b. 海藻糖（雙醣）

食品加工業者多用來做為甜味劑。海藻糖具備以下優點：

① **高穩定性**：海藻糖結構穩定，不容易發生分解或變質。耐熱、耐酸鹼，適合用於各種糖漿加工製程中。
② **保濕作用**：擁有優異的保水能力，幫助食品維持水分。

③ **甜度適中**：甜度約為蔗糖的45%，口感柔和。不易引起血糖波動，但過度食用仍有造成肥胖的可能。
④ **低吸濕性**：與其他糖類相比，不易吸濕結塊，便於儲存使用。
⑤ **安全性高**：被廣泛認為是一種安全的天然成分。不易被口腔細菌利用，因此較不容易引起齲齒。

B.液體糖

a.**玉米糖漿**：用於防止結晶，增加軟糖的柔軟度和光澤。

b.**蜂蜜或楓糖漿**：天然甜味劑，賦予產品獨特風味和顏色。

c.**麥芽糖**：在軟糖製作中扮演著非常重要的角色，不僅提供甜味，更在質地、穩定性與保存性方面發揮關鍵作用。麥芽糖適用於軟糖製作，是因為下列特點：

① **降低結晶性（抗結晶作用）**：麥芽糖不像蔗糖那樣容易結晶，可干擾蔗糖分子形成晶體，從而防止軟糖變砂、口感粗糙。有助於保持軟糖的細緻滑順。
② **控制甜度**：麥芽糖的甜度和熱量僅約為蔗糖的40%，可降低產品整體甜度，讓軟糖不會過於甜膩。溫和的甜味更容易與水果、奶油等其他風味搭配。
③ **改善延展性與彈性**：麥芽糖能提升軟糖的延展性與咬感，使口感更Q、更有彈性。用於製作拉絲軟糖、QQ糖、涼果類糖果非常有幫助。
④ **吸濕性適中**：相對於蔗糖，麥芽糖的吸濕性低一些，有助於軟糖在儲存過程中不易回潮或是變黏。可提升產品的保存穩定性與外觀完整性。
⑤ **耐熱性佳**：具良好的熱穩定性，不易分解變質，適合在高溫熬煮糖漿的製作流程中使用。在高溫熬煮後依然保持良好的風味和物理性質。
⑥ **影響色澤與風味**：高溫加熱時可產生輕微的焦糖化反應，帶出柔和香氣與金黃色澤，增添產品賣相與層次感。

糖類甜度比較表

品名	甜度Brix (%)	備註
果糖	173	最甜的糖
蔗糖	100	砂糖、細砂糖、黑糖
海藻糖	45	澱粉糖
麥芽糖（水飴）	40	含水量15%
玉米糖漿	30	含水量23%
乳糖（粉狀）	16	乳糖不耐症者慎用
膳食纖維	10	玉米及菊苣萃取

註：書部份數據引用自衛生福利部食品藥物管理署 - 台灣地區食品營養成分資料庫。

增稠劑

增稠劑為決定軟糖質地與口感的核心成分，不同類型會帶來不同的咬感、彈性與風味。以下是常見的增稠劑與其適用特性：

A. 明膠（Gelatin）

來源：動物性（多來自豬或牛的皮膚與骨骼），葷食。
凝膠特性：明膠的凝膠化需要加熱與冷卻，在高溫下會融化，冷卻後形成具彈性與透明度的穩定凝膠，操作性較好。
口感特性：提供彈性與嚼勁，適合製作Q彈口感的軟糖。
適用產品：適合製作彈性軟糖，如小熊軟糖、果凍糖、Q糖。

B. 果膠（Pectin）

來源：植物性（通常來自蘋果或柑橘皮），素食。
凝膠特性：需在酸性環境中與糖結合形成凝膠，凝膠化速度相對較快。
口感特性：質地柔軟、滑順，能保留水果的香氣與口感。
適用產品：適合製作需要保持水果風味的軟糖。

C. 洋菜（Agar）

來源：植物性（提取自紅藻），素食。
凝膠特性：凝膠強度高，常溫即可凝固，耐熱性佳，不易融化。
口感特性：質地Q彈且略帶脆感。
適用產品：可用於製作更具口感及Q度的軟糖。

D. 澱粉（Starch）

來源：植物性（如玉米、馬鈴薯），素食。
凝膠特性：凝膠化過程中需要加熱，並在冷卻後會變得更堅硬。
口感特性：咀嚼感強，口感通常較為堅韌。
適用產品：適合製作嚼勁較強的糖果。

凝膠特性比較

產品名稱	明膠	果膠	洋菜	澱粉
口感	Q彈性軟糖	軟性軟糖	脆硬性軟糖	軟黏性軟糖
添加量	9% - 15%	1% - 4%	1% - 2%	10% - 20%
加酸量	0.2% - 0.3%	0.5% - 1%	0.2% - 0.3%	0.2% - 0.4%
冷凝溫度	20°C以下	70 - 80°C	40°C以下	40°C以下
凝固時間	12 - 24 小時	6 - 12 小時	12 - 24 小時	12 - 24 小時
產品質地	Q彈不易斷裂	口感較酸	脆、裂紋光滑	較黏、不易拉斷

PART 2

經典脆糖──製糖基礎

從糖果的入門款脆糖開始
先學會煮糖果的基礎技巧

- 不需要溫度計就可以輕鬆上手。

- 使用不沾鍋,製作糖果的損耗最少。

- 炒糖的時候要有耐心,一定要炒到糖鍋中出現很多拔絲才可以熄火,不然成品會黏牙。

- 脆糖一定要趁熱切,如果冷卻才切,糖果會碎掉。

- 如果動作太慢導致糖果放涼變硬、切的時候碎裂了,別擔心!請把糖果放回烤盤上,送進烤箱以100℃的溫度加熱,讓糖果變軟後立刻取出重新塑型、切塊,就能順利補救回來。

- 使用濕度計,隨時注意室內濕度,室內濕度要是高於40%,糖果放涼要馬上包裝,才不會反潮變黏。

- 如果糖果受潮出現黏牙的情形,可將糖果重新放入鍋中,加50克滾水,再次把糖炒乾,炒至呈現拔絲狀,即可成功挽救。

香脆花生黑糖

INGREDIENTS

成品重量 (g)
約 820g

尺寸 (cm)
28×22 cm

材料 A
85% 水麥芽	60g
海藻糖	60g
黑糖	60g
鹽	2g
水	30g

材料 B
無水奶油	30g

材料 C
帶皮熟花生	600g
熟白芝麻	50g

★ 若是買生芝麻，入鍋以小火炒熟即可（約 2 分鐘）。

作法 step

花生 600 克放入烤箱，全火 100℃，烤 90-100 分鐘，烤熟放涼備用。

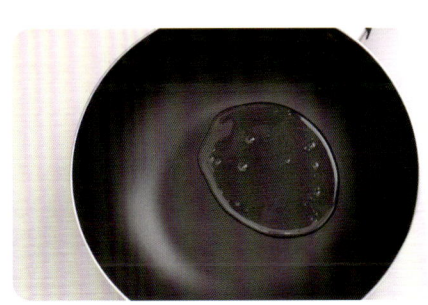

① 鍋中倒入水麥芽。

② 加入海藻糖、黑糖、鹽。

③ 加入水把糖沾濕（比較不會燒焦）。

STEP BY STEP

④ 加入無水奶油。

⑤ 開中火,煮到糖漿大滾(不熄火)。

⑥ 倒入帶皮熟花生(花生須事先烤熟)。

⑦ 拌炒到鍋中水分炒乾。

⑧ 轉小火,炒到糖漿出現拔絲狀態,熄火。

⑨ 倒入熟白芝麻拌勻。

PART 2

⑩ 趁熱倒在糖盤上。　⑪ 壓平，用擀麵棍擀緊（切時不易散開）。

⑫ 刀子刷上無水奶油，趁熱切成小塊。

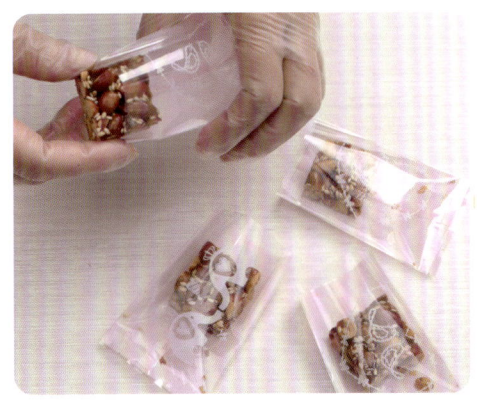 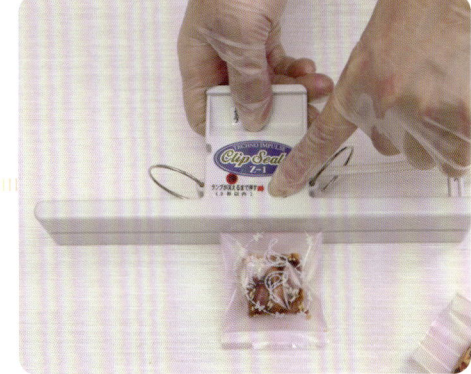

⑬ 冷卻後要馬上包裝，避免因受潮失去脆度。

香脆花生黑糖

香脆雙子酥糖

成品重量 (g)
約 820g

尺寸 (cm)
28×24.5 cm

INGREDIENTS

材料 A
85% 水麥芽	60g
海藻糖	120g
鹽	2g
水	30g

材料 B
無水奶油	30g

材料 C
烤熟南瓜子	350g
烤熟葵瓜子	250g
烤熟亞麻籽	50g

作法 step

 以下材料放入烤箱,全火 100℃,烤熟放涼備用。

南瓜子 350 克／烤 30 分鐘

葵瓜子 250 克／烤 30 分鐘

亞麻籽 50 克／烤 23 分鐘

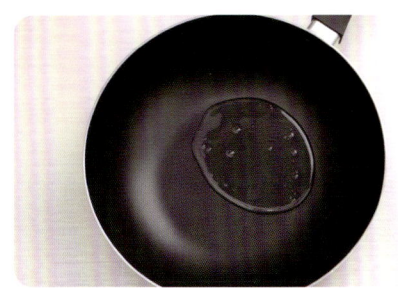
① 鍋中倒入水麥芽。

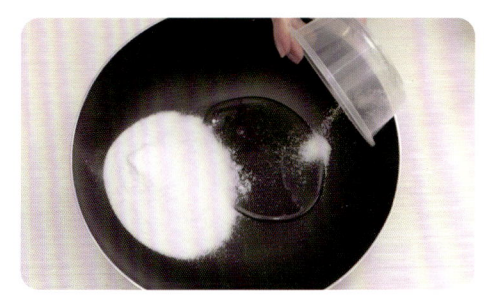
② 加入海藻糖、鹽。

STEP BY STEP

③ 加入水把糖沾濕（比較不會燒焦）。

④ 加入無水奶油。

⑤ 開中火，煮到糖漿大滾（不熄火）。

⑥ 倒入熟南瓜子及熟葵瓜子。

⑦ 拌炒到鍋中水分炒乾。

⑧ 轉小火，炒到糖漿出現拔絲狀態，熄火。

⑨ 倒入熟亞麻籽拌勻。

⑩ 趁熱倒在糖盤上。

⑪ 壓平,用擀麵棍擀緊(切時不易散開)。

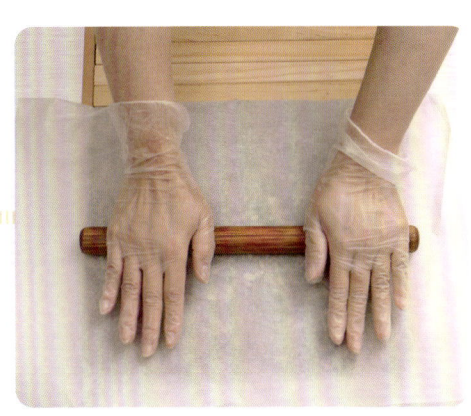

⑫ 趁熱切小塊,冷却後要馬上包裝。

香脆雙子酥糖

養生紅藜麥芝麻脆糖

成品重量 (g)
約 790g

尺寸 (cm)
28×27 cm

INGREDIENTS

材料 A
85% 水麥芽	60g
海藻糖	60g
黑糖	60g
鹽	2g
水	30g

材料 B
白芝麻油	30g

材料 C
烤熟紅藜麥	150g
熟黑芝麻	300g
熟白芝麻	150g

＊黑芝麻和白芝麻直接買熟的；若是買生的，請用小火炒熟即可。

作法 step

 紅藜麥 150 克放入烤箱，全火 100°C，烤 25 分鐘，烤熟放涼備用。

① 鍋中倒入水麥芽。

② 加入海藻糖、黑糖、鹽。

STEP BY STEP

③ 加入水把糖沾濕（比較不會燒焦）。

④ 加入白芝麻油。

⑤ 開中火，煮到糖漿大滾（不熄火）。

⑥ 倒入熟的紅藜麥和黑芝麻、白芝麻。

⑦ 拌炒到鍋中水分炒乾。

⑧ 轉小火,炒到糖漿出現拔絲狀態,熄火。

⑨ 趁熱倒在糖盤上。

⑩ 壓平,用擀麵棍擀緊(切時不易散開)。

⑪ 趁熱切小塊,冷却後馬上包裝。

養生紅藜麥芝麻脆糖

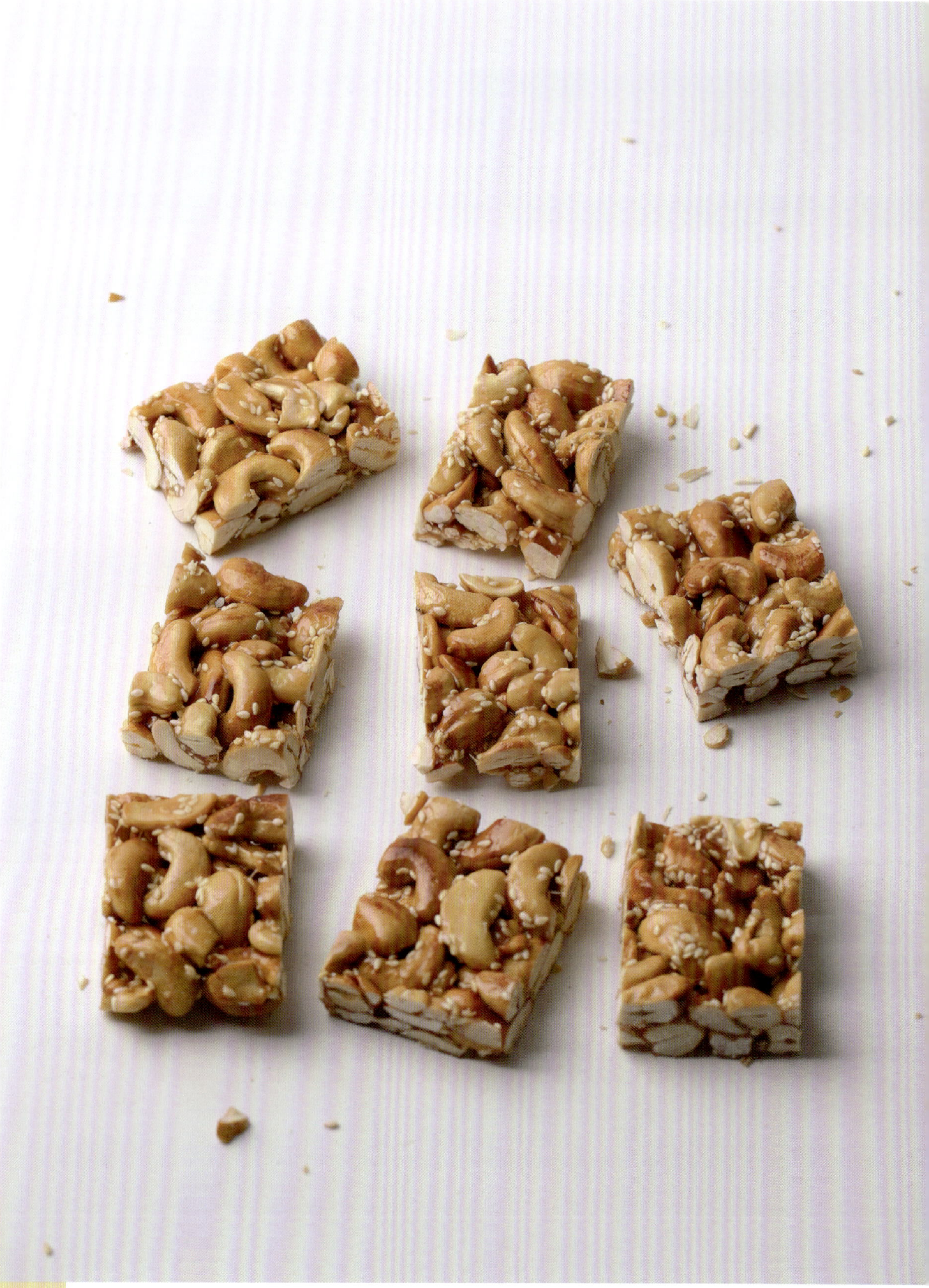

蜜汁脆腰果

成品重量 (g)
約 915g

尺寸 (cm)
28×22 cm

INGREDIENTS

材料 A
海藻糖	120g
鹽	2g
蜂蜜	60g
水	60g

材料 B
無水奶油	30g

材料 C
烤熟腰果	700g
熟白芝麻	30g

作法 step

生腰果 700 克放入烤箱，全火 100℃，烤 80 分鐘，烤熟放涼備用。

① 鍋子中倒入蜂蜜、海藻糖、鹽。

② 加入水把糖沾濕（比較不會燒焦）。

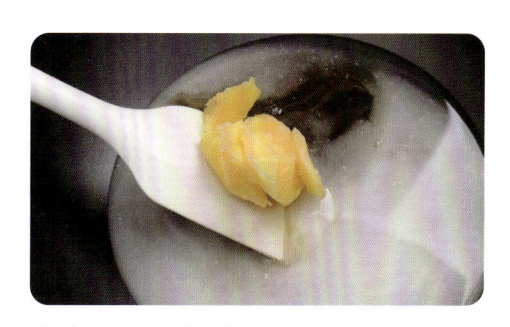

③ 加入無水奶油。

STEP BY STEP

④ 開中火,煮到糖漿大滾(不熄火)。

⑤ 倒入熟腰果,拌炒到鍋中水分炒乾。

⑥ 轉小火,炒到糖漿出現拔絲狀態(此時鍋中食材重量 885 克),熄火。

⑦ 倒入熟白芝麻拌勻。

⑧ 作法 1:手套上抹無水奶油,趁熱,快速把腰果分成一顆一顆的,放涼即可享用。成品為顆粒狀態。

⑨ 作法 2:趁熱倒在糖盤上。

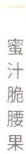

⑩ 壓平。

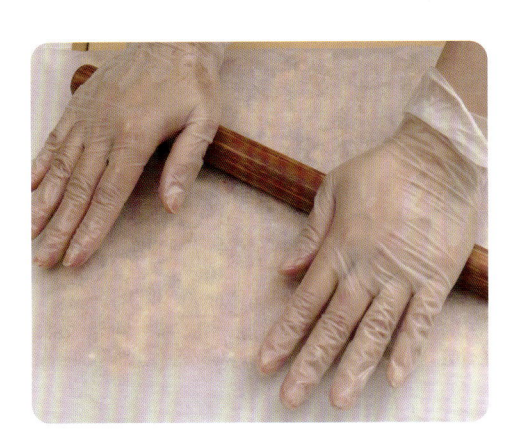

⑪ 用擀麵棍擀緊，切時不易散開。

⑫ 趁熱切小塊。

⑬ 冷卻後馬上包裝。

蜜汁脆腰果

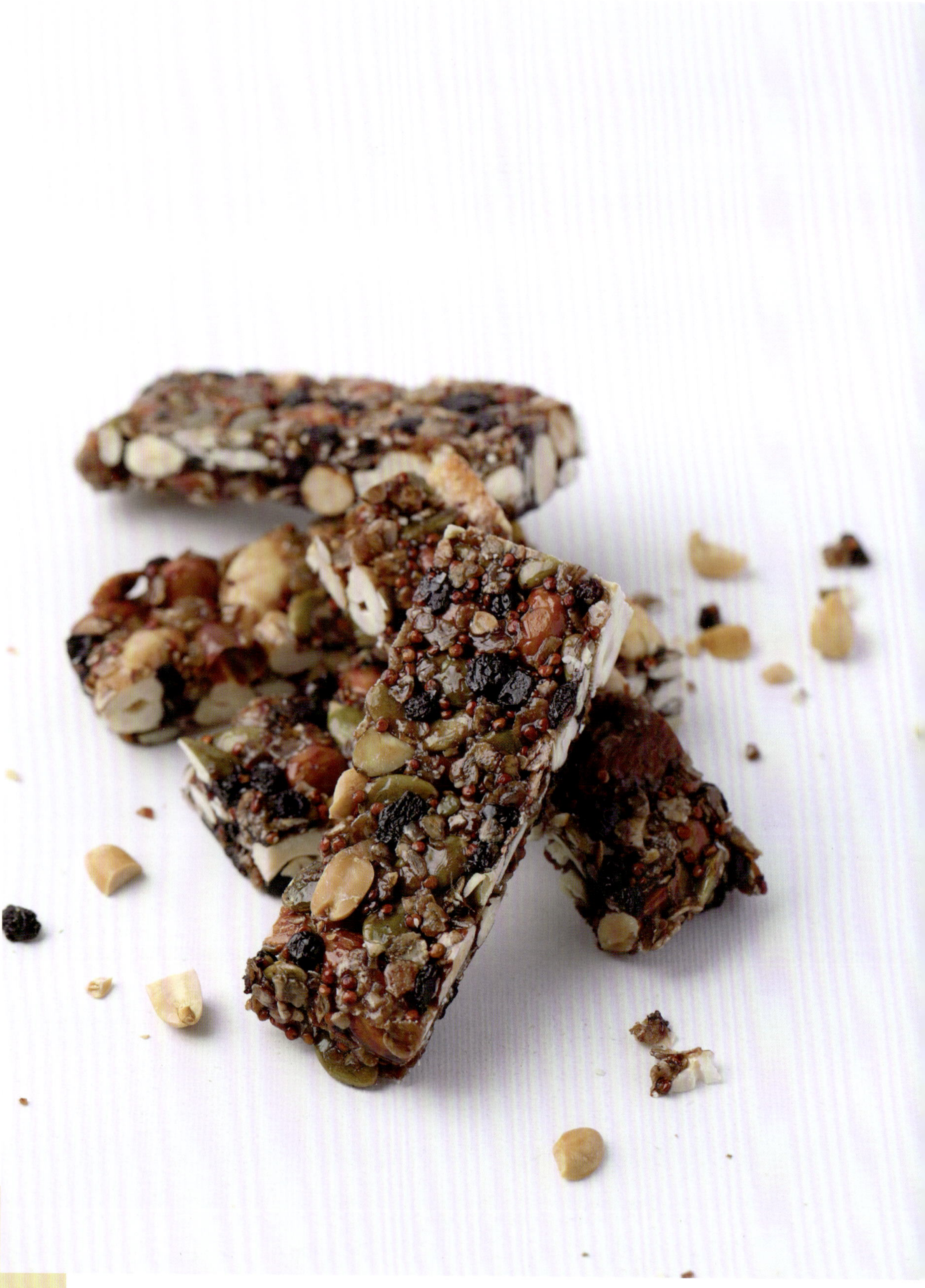

能量燕麥堅果棒

PART 2

INGREDIENTS

成品重量 (g)
約 925g

尺寸 (cm)
28×24 cm

*堅果可以一次烘烤 600g，用不完的冷藏保存；製作糖果前先取出放至室溫，退冰至常溫即可使用。

材料 A
85% 水麥芽	60g
海藻糖	60g
黑糖	60g
電解質粉	4g
水	40g

材料 B
橄欖油	30g

材料 C
烤熟杏仁果	150g
烤熟腰果	150g
烤熟花生	120g
烤熟南瓜子	80g
烤熟紅藜麥	50g
野生小藍莓	80g
即食燕麥片	100g

作法 step

以下材料放入烤箱，全火 100°C，烤熟放涼備用。

杏仁果 600 克／烤 120 分鐘

腰果 600 克／烤 80 分鐘

花生 600 克／烤 100 分鐘

南瓜子 600 克／烤 40 分鐘

紅藜麥 600 克／烤 35 分鐘

STEP BY STEP

① 鍋中倒入水麥芽,加入海藻糖、黑糖、電解質粉。

② 加入水把糖沾濕(比較不會燒焦)。

③ 加入橄欖油。

④ 開中火,煮到糖漿大滾(不熄火)。

⑤ 倒入熟花生、熟腰果和熟杏仁果,煮至大滾。

⑥ 倒入熟南瓜子及熟紅藜麥。

⑦ 拌炒到鍋中水分炒乾。

⑧ 倒入即食燕麥。

⑨ 倒入野生小藍莓，拌勻。

⑩ 轉小火，炒到糖漿出現拔絲狀態（此時鍋中食材重量約925克），熄火。

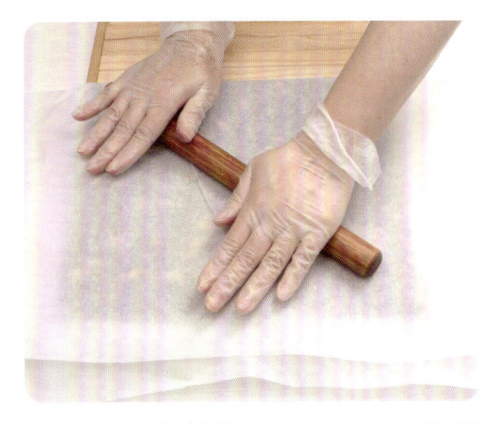

⑪ 趁熱倒在糖盤上。壓平，用擀麵棍擀緊，切的時候才不會散開。

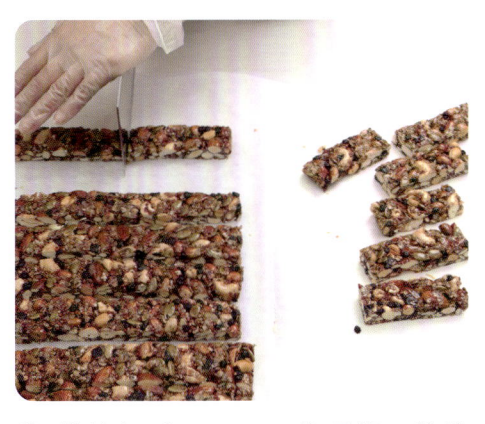

⑫ 趁熱切成 7×3cm 的長條。放涼後馬上包裝。

能量燕麥堅果棒

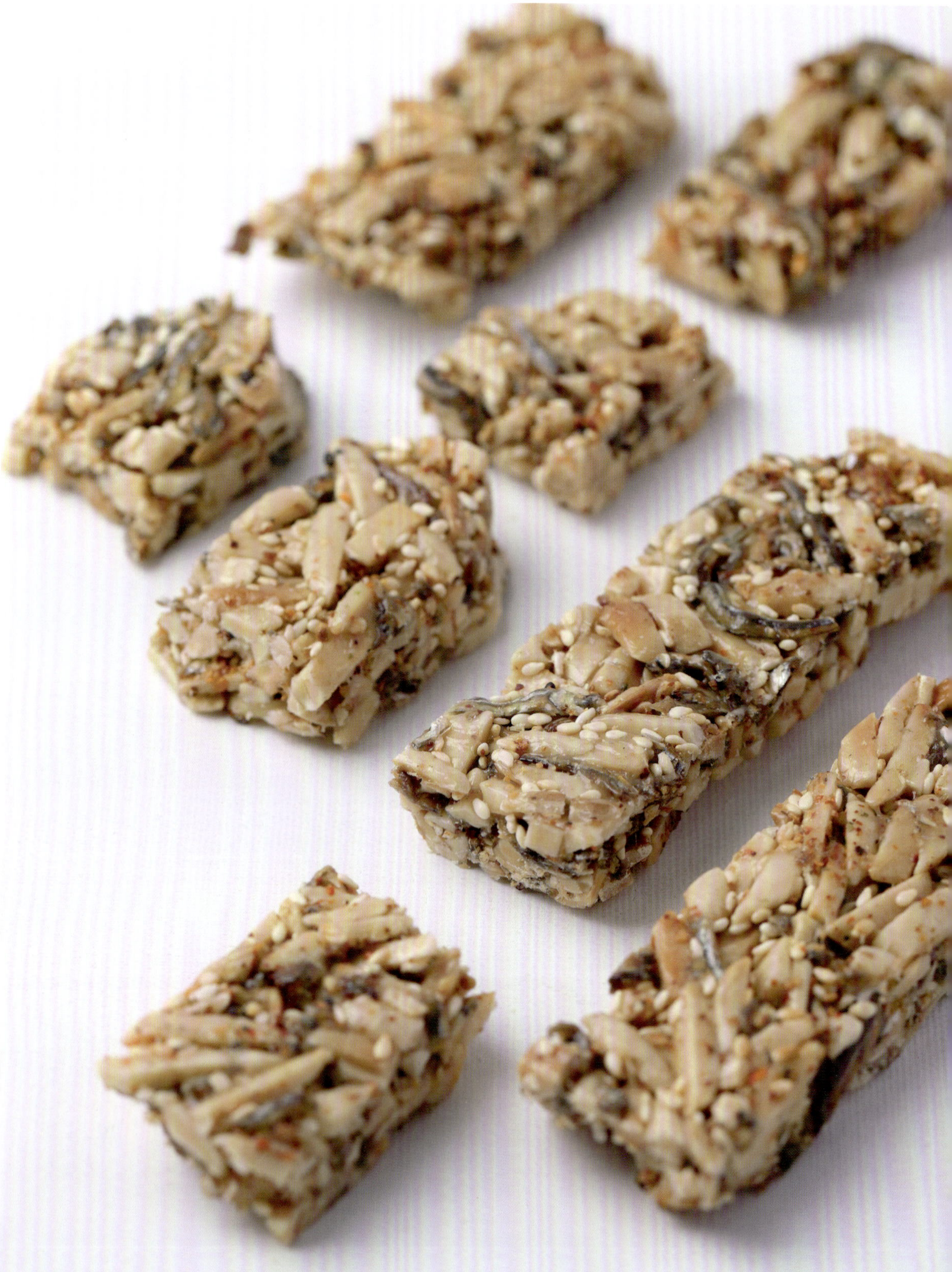

高鈣杏仁小魚乾

成品重量 (g)
約 860g

尺寸 (cm)
28×27 cm

INGREDIENTS

材料 A
85% 水麥芽	60g
海藻糖	60g
細砂糖	60g
鹽	2g
水	40g

材料 B
無水奶油	30g

材料 C
杏仁小魚乾	600g
熟白芝麻	50g
香蒜粉	5g
七味唐辛子粉	10g

作法 step

① 鍋中倒入水麥芽，加入海藻糖、細砂糖、鹽。

② 加入水把糖沾濕（比較不會燒焦）。

③ 加入無水奶油。

④ 開中火，煮到糖漿大滾（不熄火）。

STEP BY STEP

⑤ 倒入熟杏仁小魚乾。

⑥ 拌炒到鍋中水分炒乾。

⑦ 轉小火,炒到糖漿出現拔絲狀態,熄火。

⑧ 倒入熟白芝麻、香蒜粉、七味唐辛子粉,拌勻。

⑨ 趁熱倒在糖盤上。

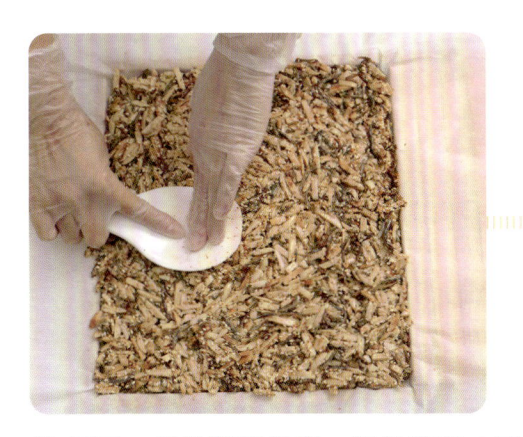

⑩ 壓平，用擀麵棍擀緊，切的時候才不會散開。

⑪ 趁熱切小塊。

⑫ 冷却後要馬上包裝。

高鈣杏仁小魚乾

小雞麵脆餅

青花椒脆米菓

小雞麵脆餅

成品重量 (g)

約 420g

* 小雞麵可以換成你喜歡的各式乾燥零食麵條：王子麵、科學麵等，都很適合。

* 堅果可以一次烘烤600g，用不完的冷藏保存；製作糖果前先取出放至室溫，退冰至常溫即可使用。

INGREDIENTS

材料 A
85% 水麥芽	30g
海藻糖	30g
細砂糖	30g
鹽	2g
水	20g

材料 B
無水奶油	20g

材料 C
韓國小雞麵	180g
烤熟南瓜子	40g
烤熟杏仁條	40g
蔓越莓乾	50g

作法 step

南瓜子 600 克放入烤箱，全火 100℃，烤 40 分鐘，烤熟放涼備用。

杏仁條 600 克放入烤箱，全火 100℃，烤 30 分鐘，烤熟放涼備用。

① 鍋中倒入水麥芽。

② 加入海藻糖、細砂糖、鹽。

③ 加入水把糖沾濕（比較不會燒焦）。

④ 加入無水奶油。

⑤ 開中火，煮到糖漿大滾（不熄火）。

⑥ 倒入小雞麵、熟南瓜子、熟杏仁條。

⑦ 將水分炒乾。

⑧ 倒入蔓越莓乾，拌勻。

⑨ 轉小火，炒到糖漿出現拔絲狀態，熄火。

⑩ 捏成球狀。

⑪ 完成。

小雞麵脆餅

青花椒脆米菓

INGREDIENTS

成品重量 (g)
約 540g

尺寸 (cm)
28×35.5 cm

＊青花椒醬帶點微辣，若是做給小朋友吃，可以改成蜂蜜或楓糖，變成小朋友愛吃的口味！

材料 A
85% 水麥芽	60g
海藻糖	60g
細砂糖	60g
鹽	2g
水	60g
青花椒醬	30g

材料 B
橄欖油	30g

材料 C
爆米香	100g
玉米脆片	100g
可可脆球	100g

作法 step

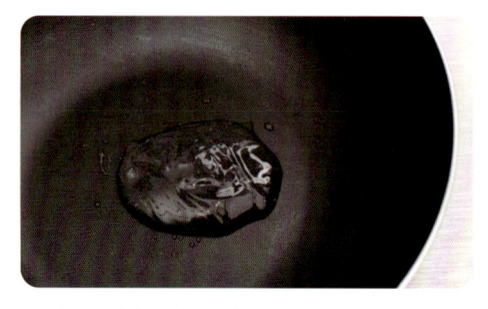

① 鍋中倒入水麥芽。

② 加入海藻糖、細砂糖、鹽。

③ 加入水、青花椒醬把糖沾濕（比較不會燒焦）。

④ 加入橄欖油。

⑤ 開中火,煮到糖漿大滾(不熄火),煮至糖漿重量 240 克。

⑥ 倒入爆米香、玉米脆片、可可脆球。

⑦ 趁熱倒在糖盤上。

⑧ 壓平,用擀麵棍擀緊,切的時候才不會散開。

⑨ 趁熱切小塊,冷卻後要馬上包裝。

青花椒脆米菓

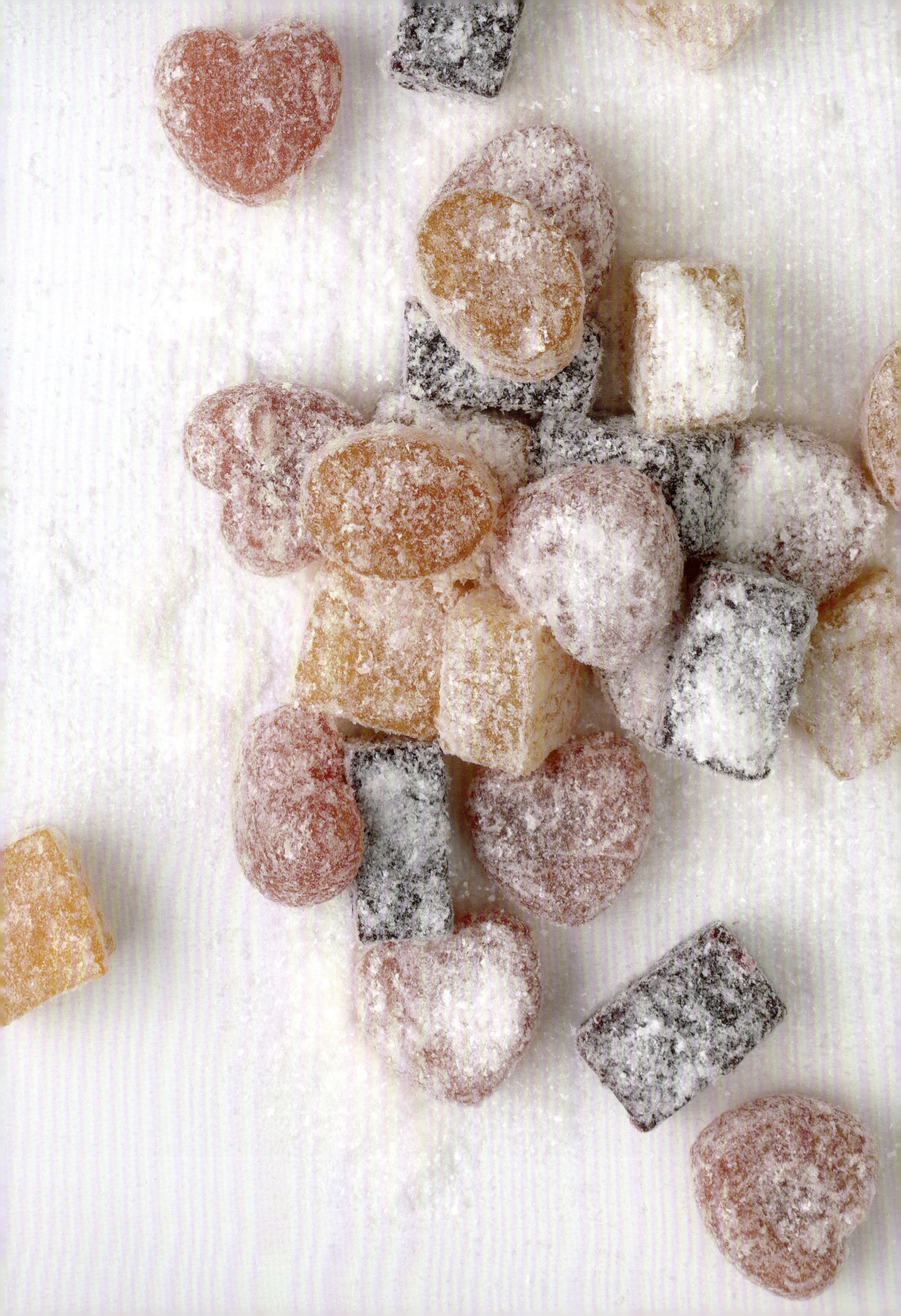

PART 3

果膠型軟糖

使用植物性果膠
以天然水果製作的風味軟糖

- 任何水果都可以製作成天然好吃的水果軟糖。
- 若希望提高軟糖的酸度,可添加少許檸檬酸,增加酸味。
- 若沒有法國軟糖果膠粉FRUIT PECTIN NH,可以用柑橘果膠粉代替;但因為柑橘果膠粉吸水力較強,請將用量調整為配方上重量的80%。
- 水果去皮後打成的汁,沒有加水的為果泥,有加水的是果汁。
- 使用純的果泥(沒加水)製作水果軟糖,風味純粹、顏色也比較漂亮。
- 如果選用的水果酸度較高,可以先把果泥放入鍋中以小火煮滾,放涼後,再用來做糖果,這樣的成品形狀會比較漂亮,不易變形。
- 煮滾過的果泥可以用保鮮盒裝好,冷凍保存,使用前退冰即可。
- 傳統做好的水果軟糖,都是在表面沾上細砂糖,可以防黏、增加口感、質感漂亮。但是麥麥老師怕太甜,也不愛太多砂糖,所以是把糯米紙磨成粉,用來沾糖果,防黏、漂亮又不甜哦!
- 本章節可用三種方式來判斷糖漿是否完成:①溫度、②糖度Brix、③糖漿重量;只需符合其中一種條件即可。
- 本章節使用的果泥是選用義大利Mazzoni馬龍果泥。

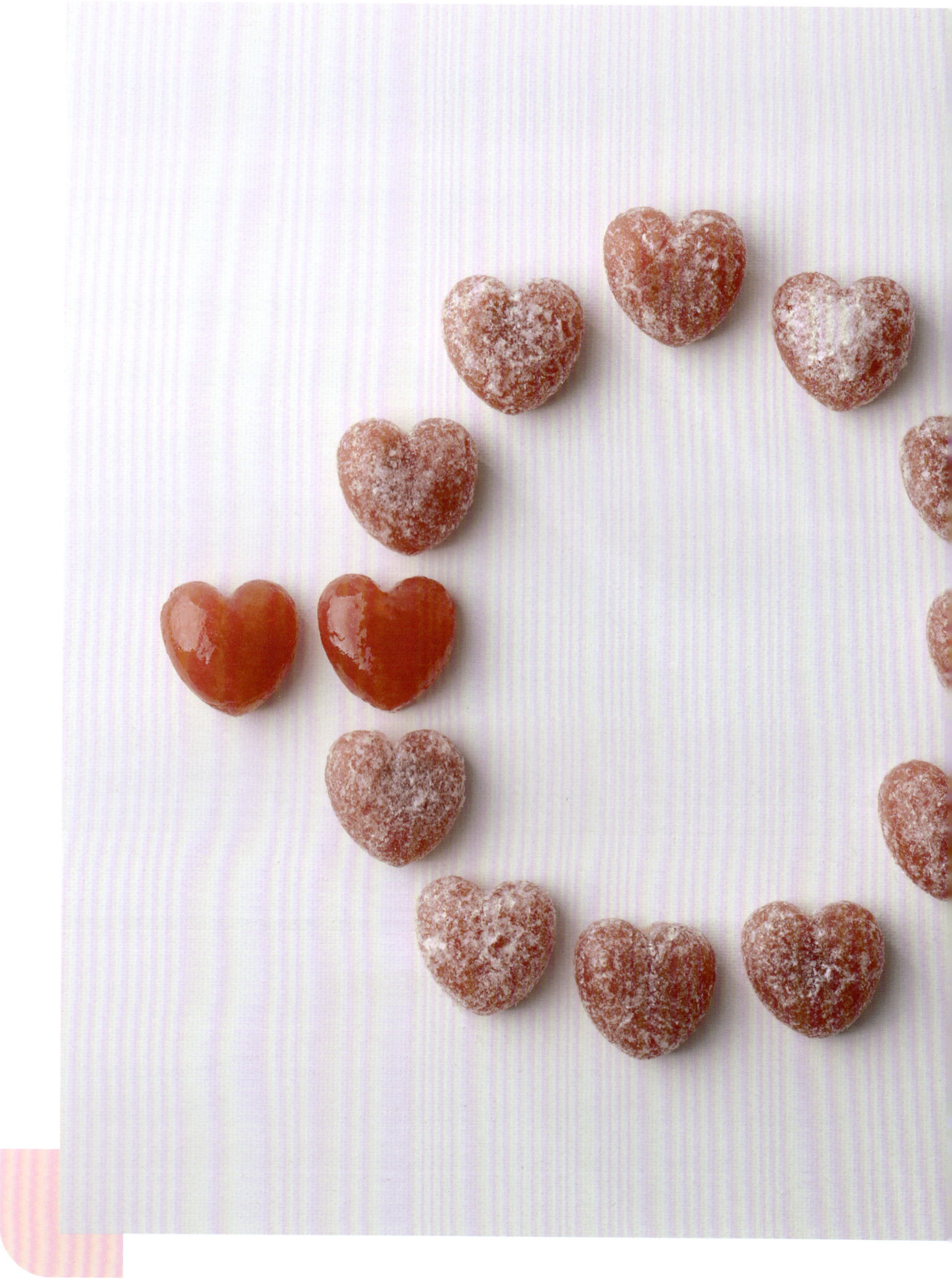

蜜桃軟糖

成品重量 (g)

約 520g

材料 A
85% 水麥芽　　180g
海藻糖　　　　100g

材料 B
水蜜桃果泥　　250g

材料 C
細砂糖　　　　100g
法國軟糖果膠粉　25g

材料 D
檸檬酸　　　　3g
冷開水　　　　6g

材料 E
紅茶丁（乾）　30g

材料 F
糯米紙粉　　　30g

作法 step

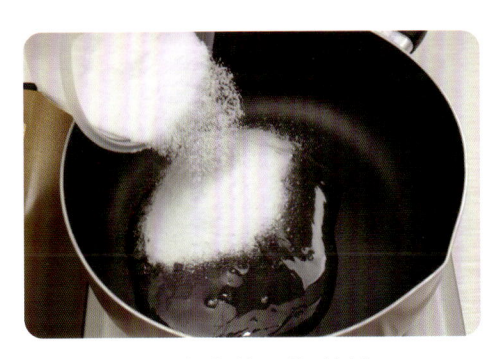

① 鍋中倒入水麥芽、海藻糖。

② 加入水蜜桃果泥，攪勻。

③ 開中小火，煮到 60°C，熄火。

STEP BY STEP

④ 材料 C 的法國軟糖果膠粉和細砂糖，先攪拌均勻。

⑤ 邊撒入麥芽鍋中，邊攪拌。

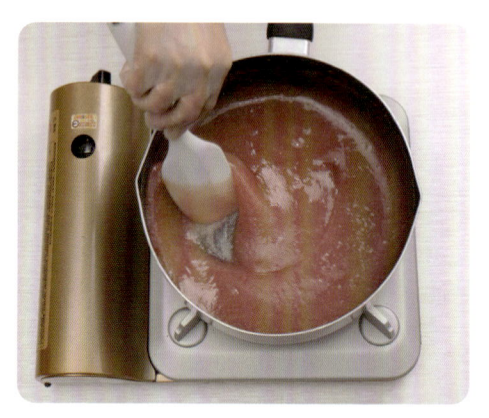

⑥ 攪拌均勻後，開中小火，邊煮邊用刮刀攪拌，注意不要黏鍋底。

⑦ 煮到：糖漿溫度 107℃ / 糖度 82Brix / 糖漿重量 520 克，熄火。

⑧ 檸檬酸和冷開水攪拌均勻至檸檬酸溶化。

⑨ 檸檬酸水加入糖漿中攪勻。

⑩ 模型噴上烤焙油。

⑪ 將糖漿倒入定量杯。

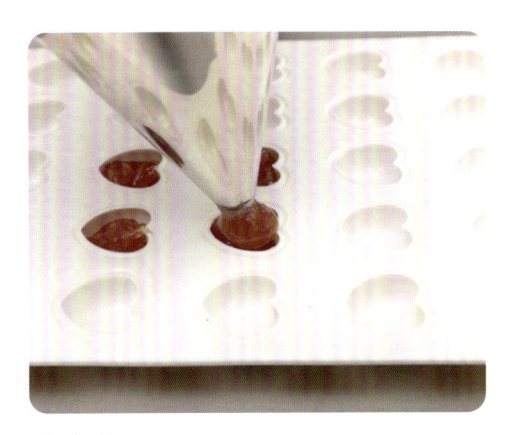

⑫ 入模。

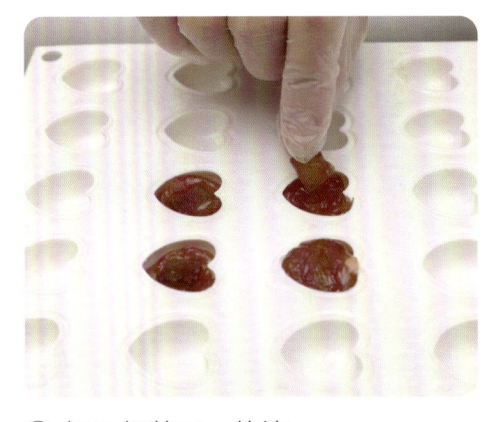

⑬ 加入紅茶丁,放涼。

⑭ 將軟糖一一脫模。

⑮ 沾上糯米紙粉防止沾黏即完成。

蜜桃軟糖

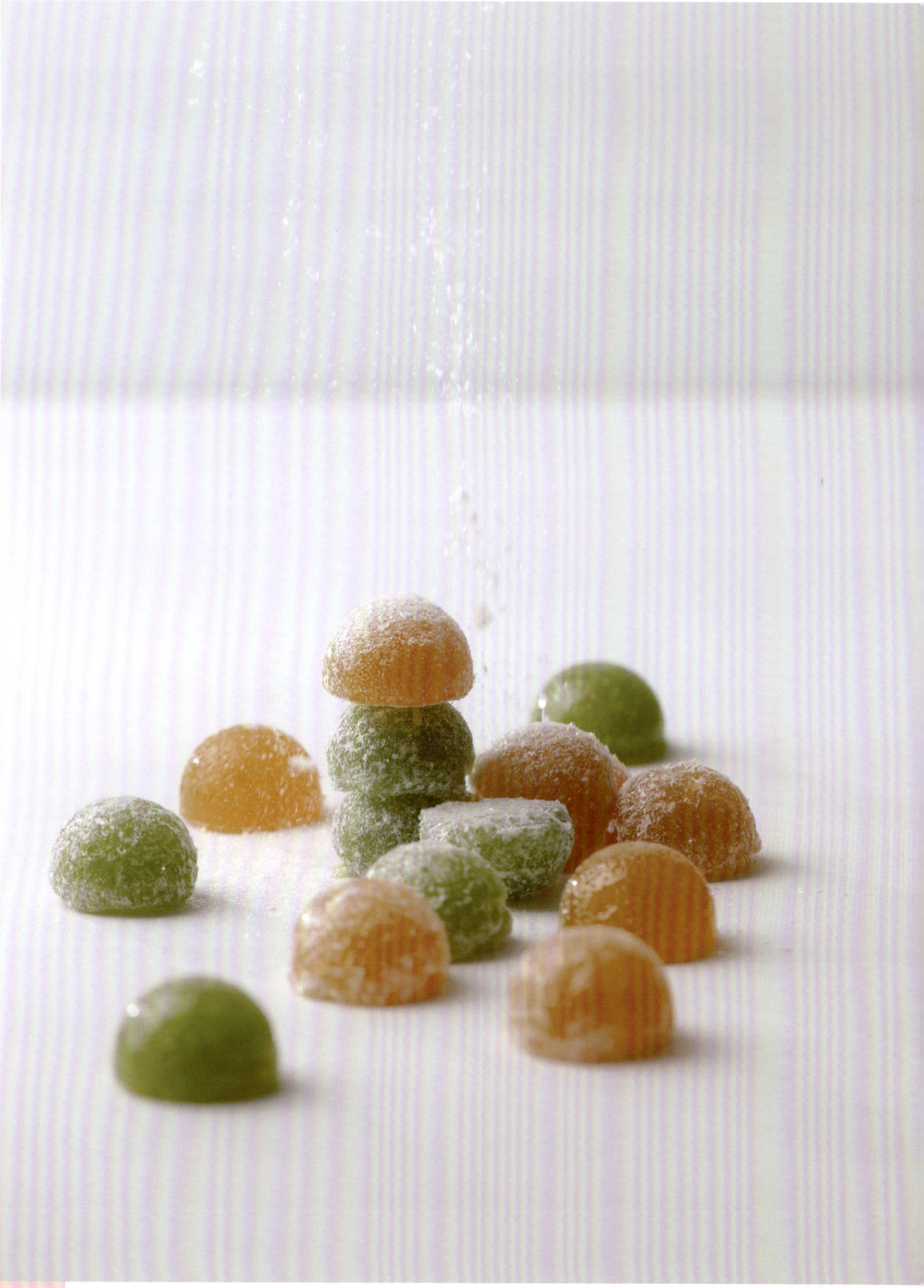

麝香葡萄軟糖

成品重量 (g)

約 500g

INGREDIENTS

材料 A
85% 水麥芽　　　180g
海藻糖　　　　　100g

材料 B
麝香葡萄　　　　300g

材料 C
細砂糖　　　　　100g
法國軟糖果膠粉　25g

材料 D
檸檬酸　　　　　3g
冷開水　　　　　6g

材料 E
綠色色膏　　　　1 小滴

材料 F
糯米紙粉　　　　30g

作法 step

① 麝香葡萄用果汁機打成泥，過濾，取出 250 克果泥。

② 鍋中倒入水麥芽、海藻糖、麝香葡萄果泥。

STEP BY STEP

③ 開中小火，煮到60°C，熄火。

④ 材料C的法國軟糖果膠粉和細砂糖，先攪拌均勻。

⑤ 一邊撒入麥芽鍋中，邊攪拌。

⑥ 攪拌均勻後，開中小火，邊煮邊用刮刀攪拌，注意不要黏鍋底。

⑦ 煮到：糖漿溫度107°C / 糖度82Brix / 糖漿重量500克，熄火。

⑧ 檸檬酸和冷開水攪勻。

⑨ 檸檬酸水加入糖漿中攪勻。

⑩ 加入一小滴綠色色膏。

※ 葡萄果泥煮過後會變褐橘色，若希望糖果呈現葡萄綠，可加色膏調色。

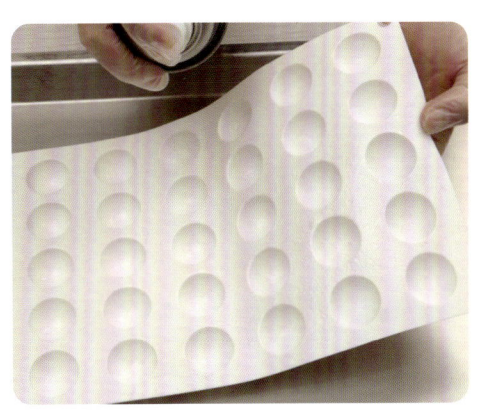

⑪ 模型噴上烤焙油。

⑫ 趁熱把糖漿倒入模具中。

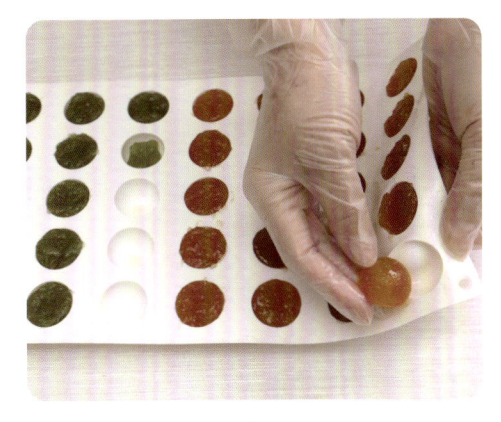

⑬ 放涼後即可脫模。

⑭ 沾上糯米紙粉防止沾黏即完成。

麝香葡萄軟糖

芒果百香果軟糖

西西里柑橘軟糖

芒果百香果軟糖

成品重量 (g)

約 500g

材料 A
85% 水麥芽	180g
海藻糖	100g

材料 B
芒果泥	125g
百香果泥	125g

材料 C
細砂糖	120g
法國軟糖果膠粉	35g

材料 D
檸檬酸	2g
冷開水	4g

材料 E
糯米紙粉	30g

作法 step

① 倒入水麥芽、海藻糖、兩種果泥。

② 開中小火，煮到 60℃，熄火。

③ 材料 C 的法國軟糖果膠粉和細砂糖，先攪拌均勻。

④ 邊撒入麥芽鍋中,邊攪拌。

⑤ 煮到:糖漿溫度107℃ / 糖度82Brix / 糖漿重量500克,熄火。

⑥ 檸檬酸和冷開水攪拌均勻至檸檬酸溶化。

⑦ 檸檬酸水加入糖漿中攪勻。

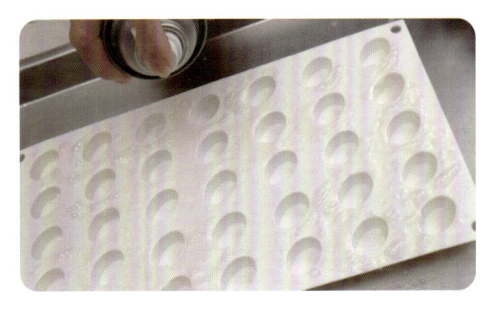

⑧ 模型噴上烤焙油。

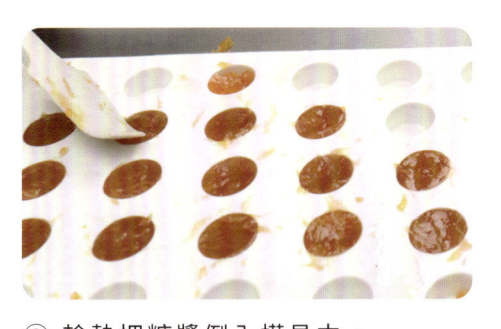

⑨ 趁熱把糖漿倒入模具中。

⑩ 放涼後即可脫模。

⑪ 沾上糯米紙粉防止沾黏即完成。

芒果百香果軟糖

西西里柑橘軟糖

成品重量 (g)

約 570g

材料 A
85% 水麥芽　　180g
海藻糖　　　　100g

材料 B
西西里柑橘果泥　250g

材料 C
細砂糖　　　　　100g
法國軟糖果膠粉　30g

材料 D
檸檬酸　　2g
冷開水　　4g

材料 E
橘皮丁　　50g

材料 F
糯米紙粉　30g

作法 step

① 鍋中倒入水麥芽、海藻糖。

② 加入西西里柑橘果泥，攪拌均勻。

③ 開中小火，煮到 60℃，熄火。

④ 材料 C 的法國軟糖果膠粉和細砂糖，先攪拌均勻。

⑤ 邊撒入麥芽鍋中邊攪拌，拌勻後，開中小火邊煮邊攪拌，注意不要黏鍋底。

⑥ 煮到：糖漿溫度107℃/糖度82Brix/糖漿重量520克。

⑦ 熄火，加入橘皮丁拌勻。

⑧ 檸檬酸和冷開水攪勻。

⑨ 檸檬酸水加入糖漿中攪勻。

⑩ 模型噴上烤焙油。

⑪ 糖漿趁熱倒入模具中。

⑫ 放涼，脫模。

⑬ 沾上糯米紙粉防止沾黏即完成。

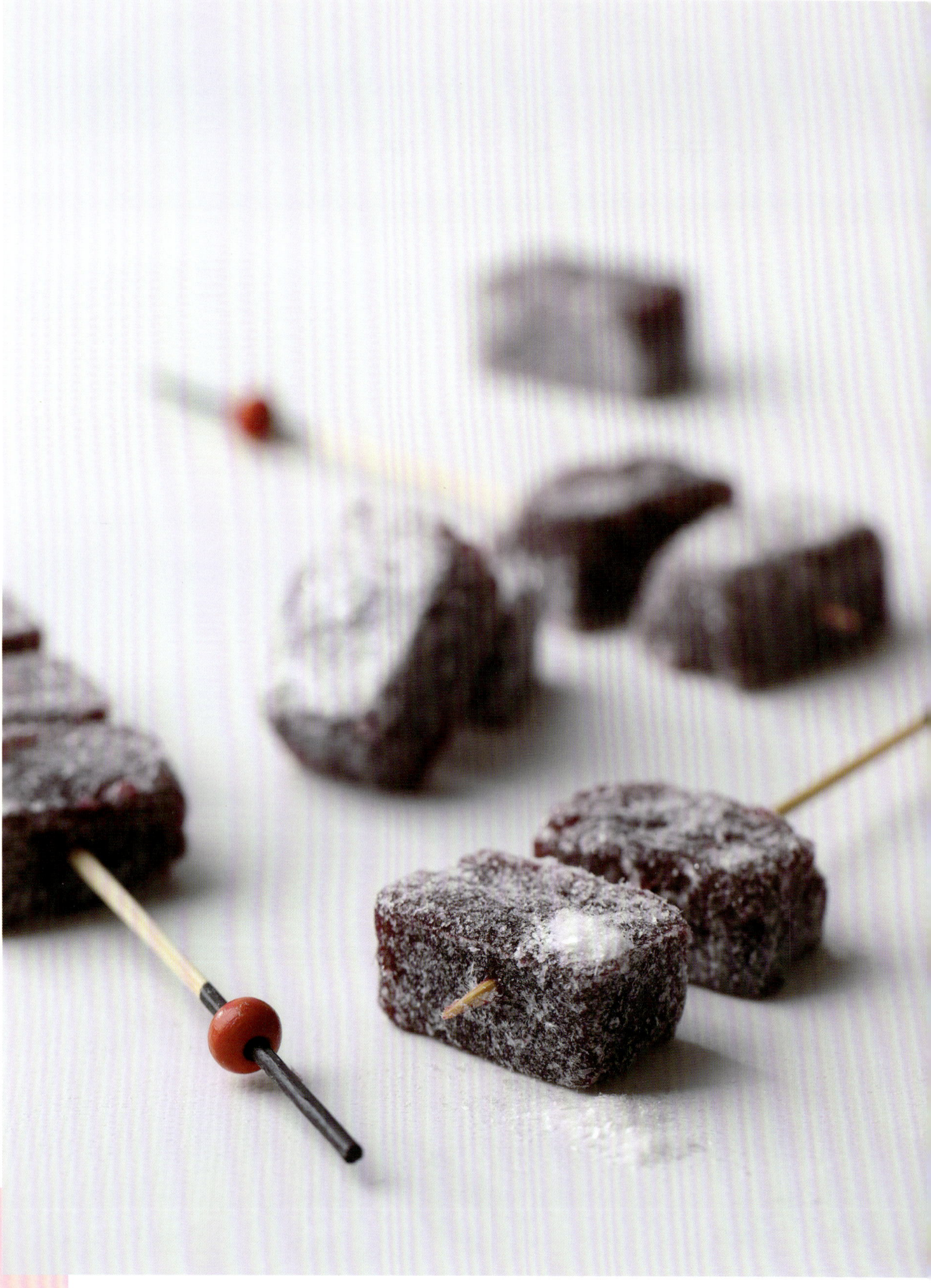

藍莓黑醋栗軟糖

成品重量 (g)

約 550g

材料 A
85% 水麥芽	180g
海藻糖	100g

材料 B
新鮮藍莓	180g
黑醋栗果泥	120g

材料 C
細砂糖	100g
法國軟糖果膠粉	30g

材料 D
檸檬酸	2g
冷開水	4g

材料 E
野生小藍莓	50g

材料 F
糯米紙粉	30g

作法 step

① 藍莓用果汁機打成泥，取130克。

② 鍋中倒入水麥芽、海藻糖、兩種果泥。

STEP BY STEP

③ 開中小火，煮到 60°C，熄火。

④ 材料 C 的法國軟糖果膠粉和細砂糖，先攪拌均勻。

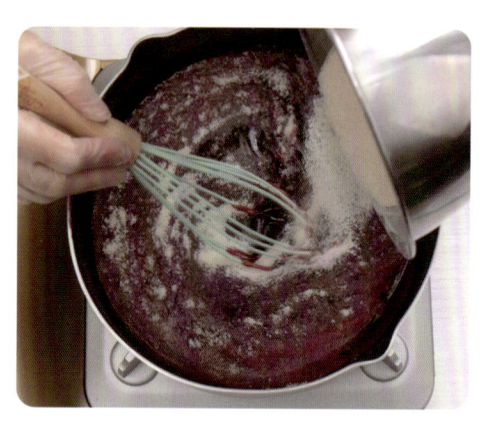

⑤ 邊撒入麥芽鍋中，邊攪拌。

⑥ 攪拌均勻後，開中小火，邊煮邊攪拌，注意不要黏鍋底。

⑦ 煮到：糖漿溫度 107°C / 糖度 78 Brix / 糖漿重量 550 克，熄火。

⑧ 檸檬酸和冷開水攪拌均勻至檸檬酸溶化。

⑨ 檸檬酸水加入糖漿中攪勻，再上爐煮 10 秒，熄火。

⑩ 加入野生小藍莓顆粒，拌勻。

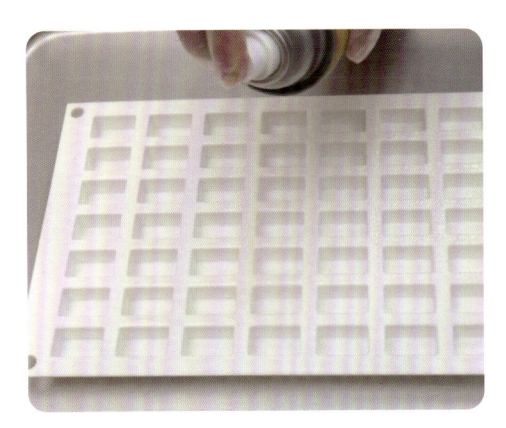

⑪ 模型噴上烤焙油。

⑫ 趁熱把糖漿倒入模具中。

⑬ 放涼，脫模。

⑭ 沾上糯米紙粉防止沾黏即完成。

藍莓黑醋栗軟糖

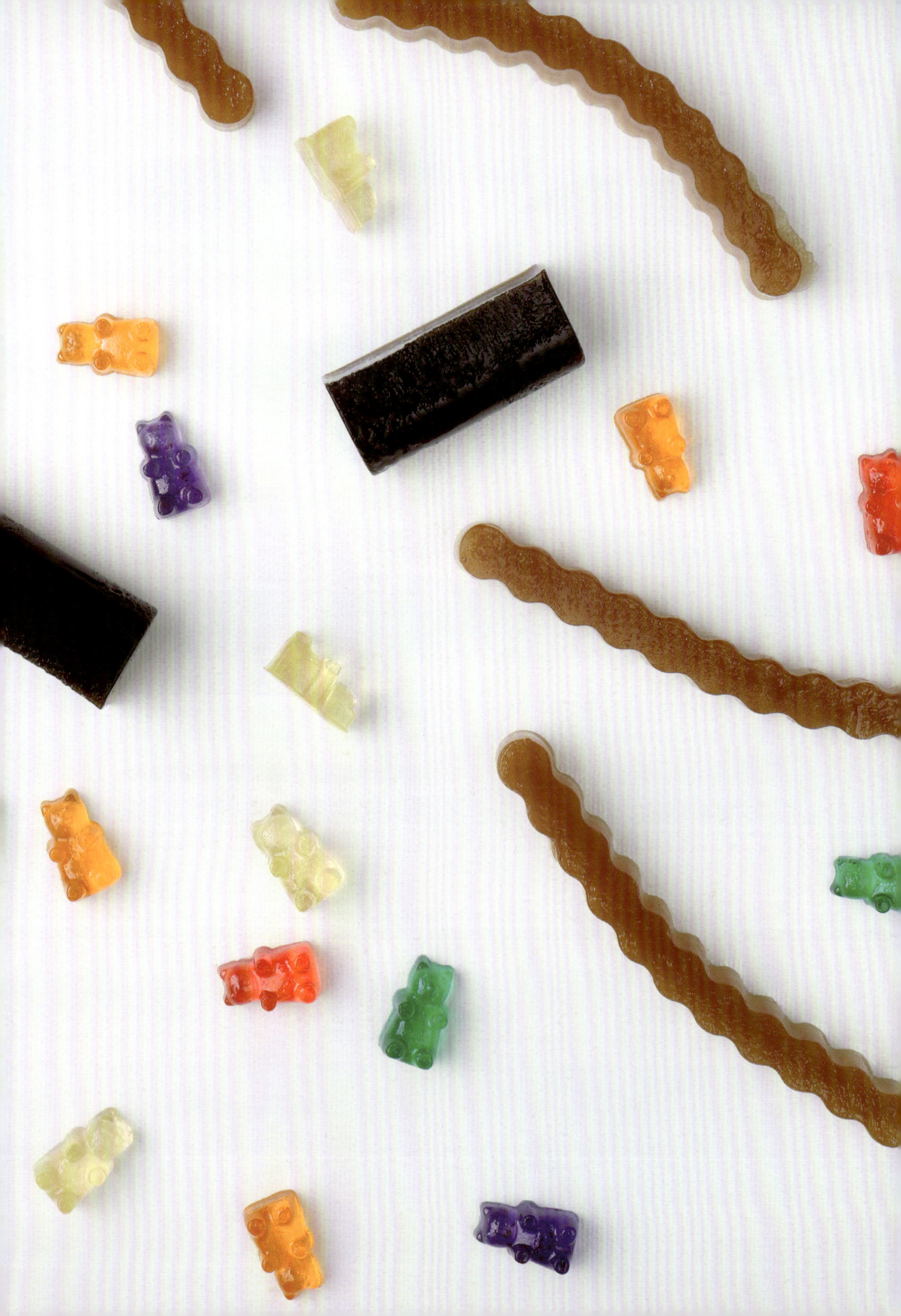

PART 4

明膠型軟糖

使用動物性明膠
口感QQ的軟糖

- 市售的糖果,很多是用水加香料、色素製成,小朋友多吃無益。不妨試試自己製作水果軟糖,依喜好選擇各種果汁來做,口感一樣Q彈,健康又美味。
- 明膠就是大家熟悉的吉利丁,因為是動物性來源,所以素食者要特別注意,不能食用喔!
- 如果要製作零卡糖,就不能使用果汁製作,因為果汁也是含有熱量的。
- 本章節可用三種方式來判斷糖漿是否完成:①溫度、②糖度Brix、③糖漿重量;只需符合其中一種條件即可。

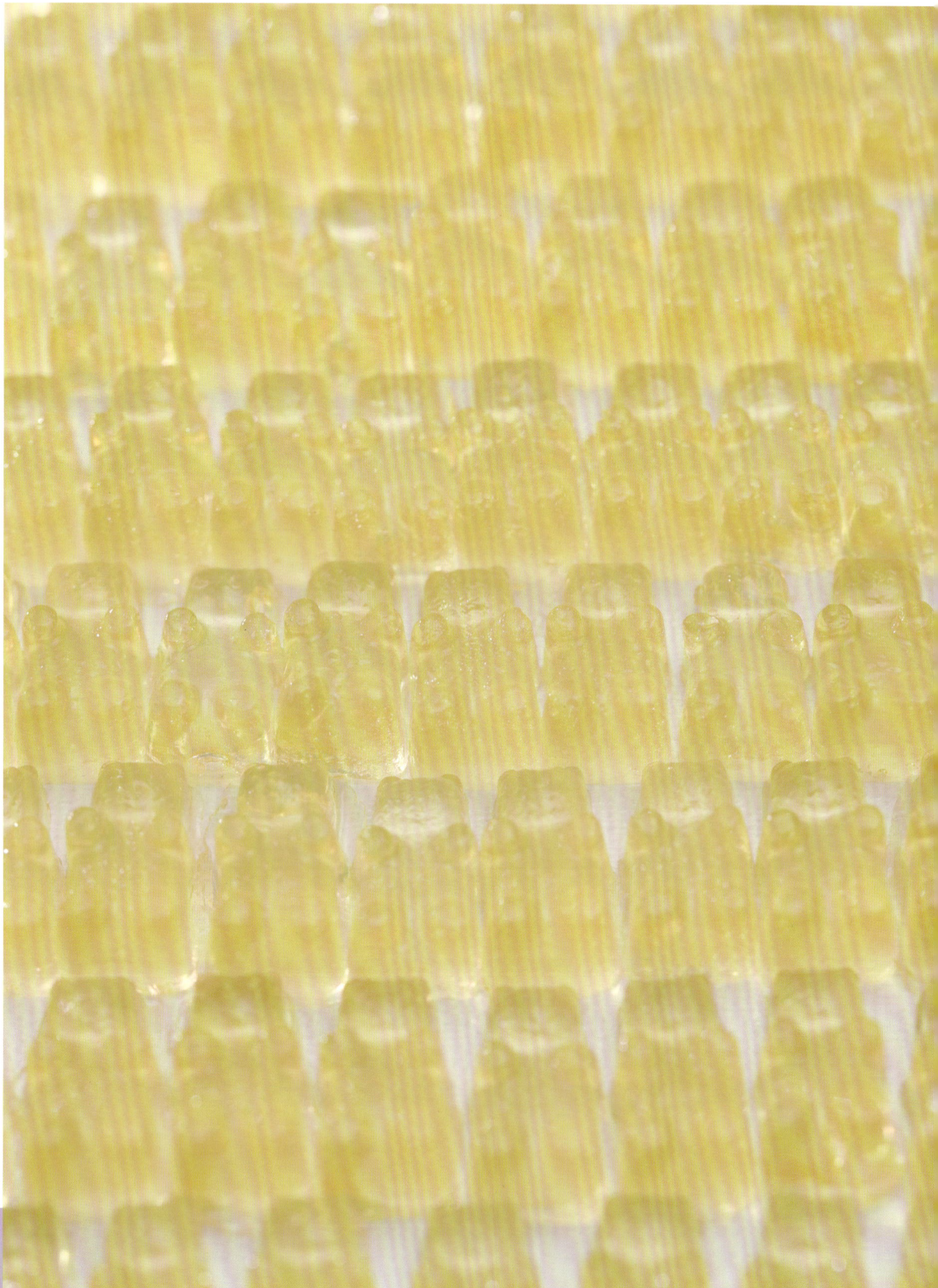

果汁小熊ＱＱ糖

成品重量 (g)
約 360g

材料 A
柳橙汁	120g
明膠粉	35g

材料 B
85% 水麥芽	200g
柳橙汁	60g

材料 C
檸檬酸	4g
冷開水	8g

作法 step

① 材料 A 的柳橙汁加入明膠粉，攪拌均勻。

② 放在 80℃ 的熱水上保溫。

STEP BY STEP

③ 材料 C 的檸檬酸和冷開水，攪拌均勻至檸檬酸溶化。

④ 材料 B 的麥芽直接秤在鍋中，加入柳橙汁。

⑤ 開中小火煮到：糖漿溫度 120°C / 糖度 82Brix / 糖漿重量 200 克。

⑥ 加入作法 2 的明膠水。

⑦ 煮滾，熄火。

⑧ 加入作法 3 的檸檬酸水、攪勻。

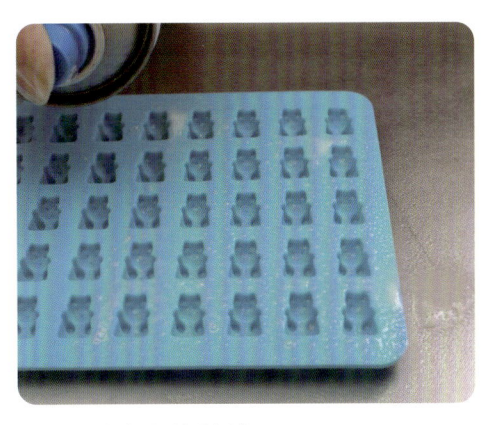

⑨ 模型噴上烤焙油。

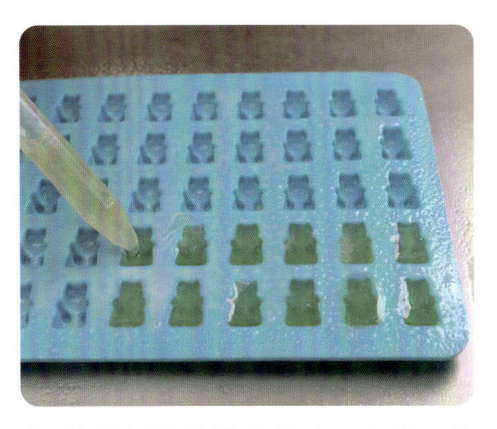

⑩ 糖漿用耐熱滴管吸取，入模，放入冰箱 2 小時，冷藏定型。

⑪ 盤子噴上烤盤油。

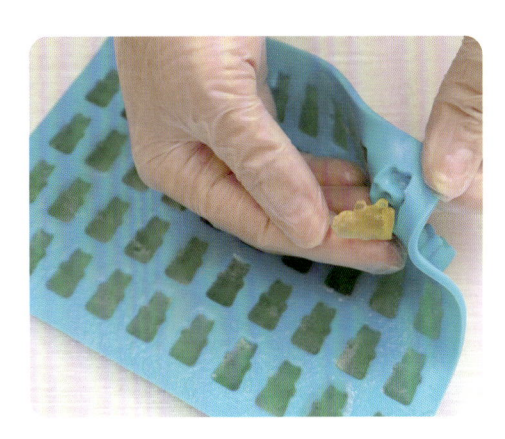

⑫ 將小熊軟糖脫模。

⑬ 軟糖抹上一點油，防止沾黏。

果汁小熊ＱＱ糖

可樂ＱＱ糖

QQ薑糖

可樂QQ糖

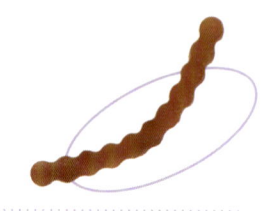

成品重量 (g)

約 170g

INGREDIENTS

材料 A
可樂　　　　　　120g
明膠粉　　　　　 40g

材料 B
85% 水麥芽　　　180g
可樂　　　　　　 80g

材料 C
檸檬酸　　　　　 2g
冷開水　　　　　 2g

作法 step

① 材料 A 的可樂加入明膠粉，攪拌均勻。

② 放在 80℃ 的熱水上保溫。

③ 材料 C 的檸檬酸和冷開水，攪拌均勻至檸檬酸溶化。

④ 材料 B 的麥芽直接秤在鍋中，加入可樂。

⑤ 開中小火煮到：糖漿溫度 120℃ / 糖度 90Brix / 糖漿重量 177 克。

⑥ 加入作法 2 的明膠水。

⑦ 煮滾，熄火。

⑧ 加入作法 3 的檸檬酸水、攪勻。

⑨ 糖漿倒入定量杯。

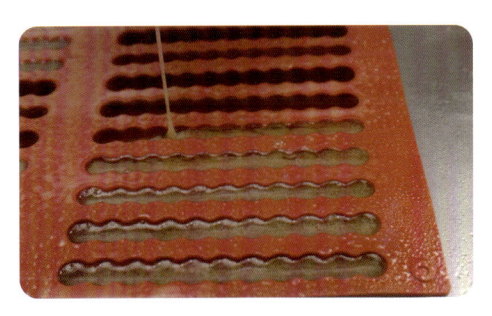

⑩ 模型先噴烤焙油，糖漿入模，放入冰箱 2 小時，冷藏定型。

⑪ 脫模。

QQ薑糖

成品重量 (g)

約 280g

INGREDIENTS

材料 A
薑汁　　　　　　120g
明膠粉　　　　　 30g

材料 B
85% 水麥芽　　　200g
薑汁　　　　　　 60g

材料 C
黑糖　　　　　　100g

材料 D
糯米紙粉　　　　 30g

作法 step

① 材料 A 的薑汁加入明膠粉，攪拌均勻。放在 80℃ 的熱水上保溫。

* 老薑去皮、切碎，取 100 克的老薑加入 200 克的水，打成汁，過濾，即成薑汁。

② 麥芽直接秤在鍋中，加入材料 B 薑汁和材料 C 的黑糖。

③ 以中小火煮到：糖漿溫度 125℃ / 糖度 88Brix / 糖漿重量 295 克。

④ 加入作法 1 的明膠水，煮滾，熄火。

⑤ 用刮刀拌勻至溶化。

⑥ 模型噴上烤焙油。

⑦ 糖漿倒入定量杯。

⑧ 入模，放入冰箱 2 小時，冷藏定型。

⑨ 脫模。

⑩ 切成適當大小。

⑪ 沾上糯米紙粉，包裝，完成。

QQ薑糖

爆漿果汁ＱＱ糖

零卡小熊ＱＱ糖

爆漿果汁QQ糖

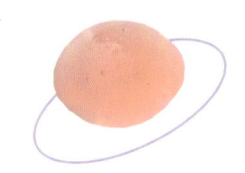

成品重量 (g)

約 135g

INGREDIENTS

材料 A
冷開水 1	100g
果泥	15g

材料 B
細砂糖	25g
海藻酸鈉	3g

材料 C
冷開水 2	500g
乳酸鈣	4g

材料 D
冷開水 3	500g

材料 E
冷開水 4	120g
細砂糖	40g

作法 step

① 鍋中放入果泥，加入材料 A 的冷開水 1。

② 材料 B 的細砂糖及海藻酸鈉混合攪勻。

③ 把材料 B 加入作法 1 中，邊加入邊攪拌。

④ 開火，邊煮邊攪拌，煮滾後熄火。

⑤ 糖漿用耐熱滴管吸取。

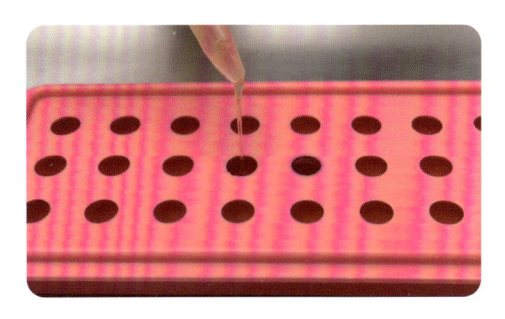

⑥ 滴入模型中，放冷凍 2 小時。

⑦ 材料 C 冷開水 2 加入乳酸鈣攪拌至溶化，即為成型水。

⑧ 脫模，放入成型水中，浸泡 20 分鐘。

⑨ 將糖果過濾出來。

⑩ 放入材料 D 的冷開水 3 清洗。

⑪ 再次過濾出來。

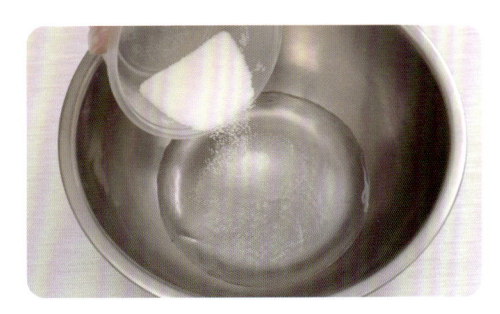

⑫ 材料 E 冷開水 4 與糖攪拌至溶化，成為糖水。

⑬ 把軟糖泡入糖水裡，浸泡 20 分鐘，完成。放入冰箱裡保存，食用時會爆漿哦。

零卡小熊QQ糖

成品重量 (g)

約 180g

INGREDIENTS

材料 A
明膠粉	30g
零卡糖	30g
冷開水 1	120g

材料 B
檸檬酸	2g
冷開水 2	4g

材料 C
香料	1g
色素	1g

作法 step

① 材料 A 的明膠粉和零卡糖，混合均勻。

② 慢慢加入材料 A 的冷開水 1，邊加邊攪拌。

③ 開火，煮滾。

④ 材料 B 的檸檬酸和冷開水 2，攪拌均勻至檸檬酸溶化。

⑤ 檸檬酸水加入作法 3 中，攪拌均勻。

⑥ 將糖漿分成 4 鍋。

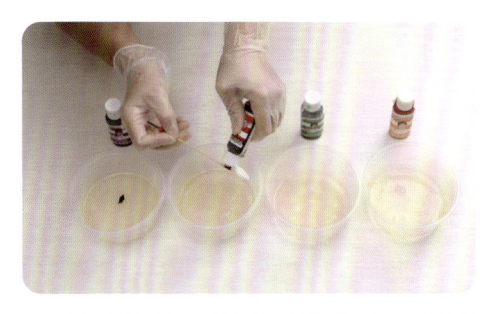

⑦ 分別滴入不同香料及色素，攪拌均勻。

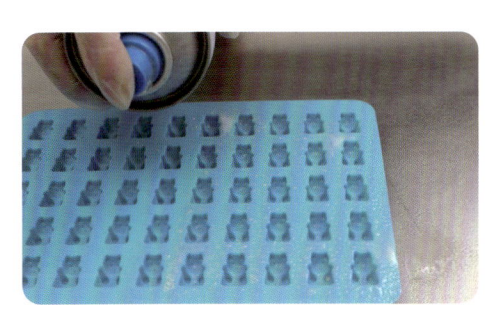

⑧ 模型噴上烤焙油。

⑨ 糖漿用耐熱滴管吸取，入模。

⑩ 盤子噴上烤焙油。

⑪ 將小熊軟糖脫模在盤中，避免沾黏。

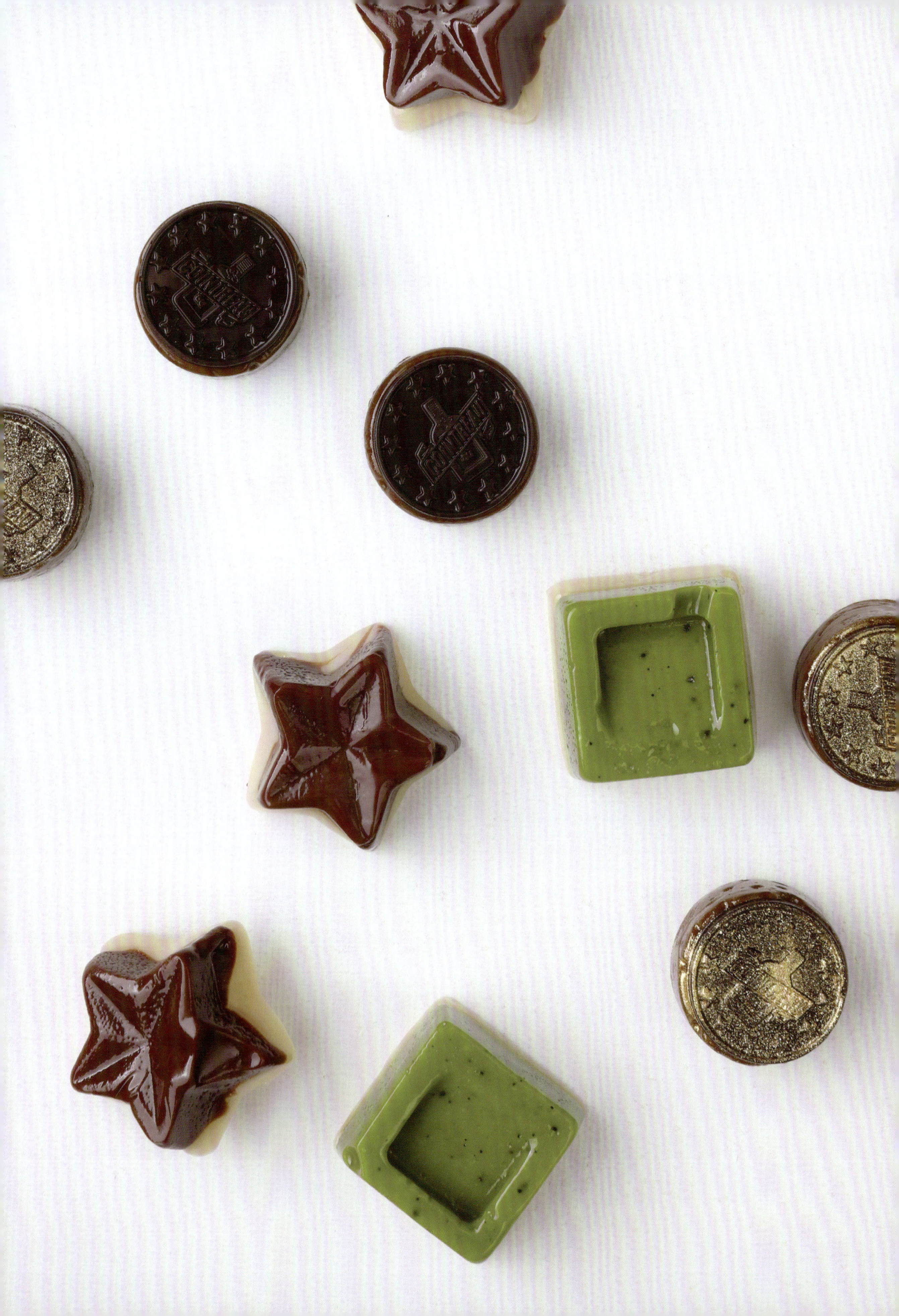

PART 5

咀嚼型軟糖

關鍵在於控制水分含量 讓牛奶糖充滿口感

- 煮糖果時要加水，水是溶劑，可以讓鍋子裡的食材混合溶解，再經由加熱的過程，將水分煮掉。
- 可運用水分含量的多寡，輕鬆控制糖的軟硬度。水分保留多一點，糖果會比較軟；水分保留少一點，糖果就會比較硬。
- 煮糖的鍋子請選不沾鍋，糖漿比較不會沾黏，損耗比較少。
- 煮糖的鍋子請專用，不要拿來煮菜，才不會沾油氣。
- 可先秤出空鍋子的重量，將重量寫在把手上，方便對照。煮糖時若是使用秤重法，即為糖漿重量加上鍋子重量，一起放在秤上面秤重就可以了。
- 所有電子秤都怕熱，請在秤上面放一個隔熱墊，電子秤歸零後，再把糖鍋放上來秤重即可。
- 注意鮮奶油沖入焦糖中時，鮮奶油的溫度一定要有80℃以上才不會失敗。
- 牛奶糖的糖度，煮到86Brix是最理想的口感（入口即化）。夏天則建議要煮到88-90Brix，比較不會融化。
- 本章節可用三種方式來判斷糖漿是否完成：①溫度、②糖度Brix、③糖漿重量；只需符合其中一種條件即可。

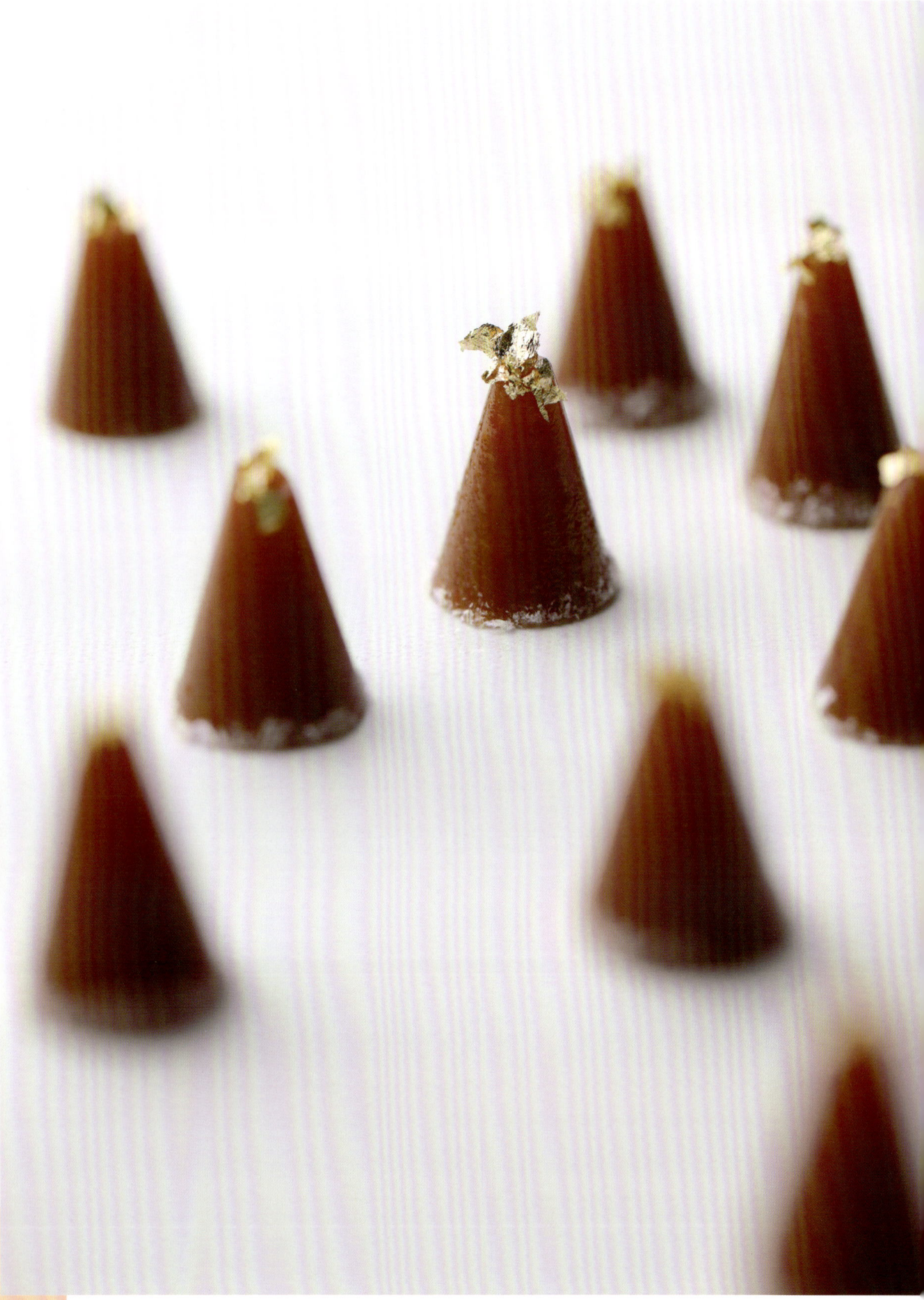

太妃威士忌牛奶糖

成品重量 (g)

約 350g

INGREDIENTS

材料 A
動物鮮奶油　　　220g

材料 B
細砂糖　　　　　60g

材料 C
85% 水麥芽　　　80g
鹽　　　　　　　5g

材料 D
海藻糖　　　　　100g

材料 E
無水奶油　　　　25g

材料 F
蘇格蘭威士忌　　20g

作法 step

① 取一個小鍋，放入鮮奶油，煮滾後熄火，保溫在 80℃ 左右。

② 另取一小鍋，放入一半的細砂糖。

③ 輕輕旋轉搖動鍋子，不可以攪拌，煮到砂糖溶化，再加入另一半的砂糖。

STEP BY STEP

④ 將糖漿煮滾成焦糖，熄火。

⑤ 將 80°C 左右的熱鮮奶油，分兩次沖入焦糖中，攪勻。

⑥ 開小火，煮滾後熄火。

⑦ 焦糖漿中加入水麥芽和鹽。

⑧ 加入海藻糖，拌勻。

⑨ 加入無水奶油，拌勻。

⑩ 以中小火煮到：糖漿溫度 120°C / 糖度 88Brix / 糖漿重量 350 克。

⑪ 熄火，加入蘇格蘭威士忌，拌勻，再煮滾，熄火。

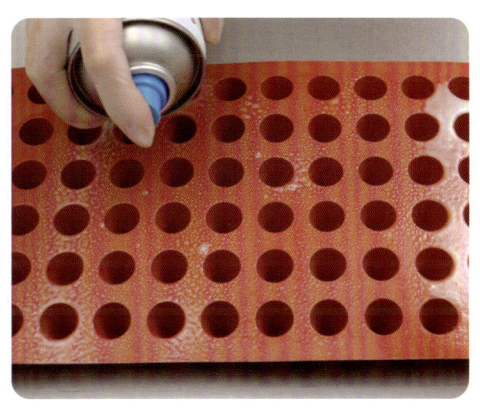

⑫ 糖果模型噴上烤焙油。

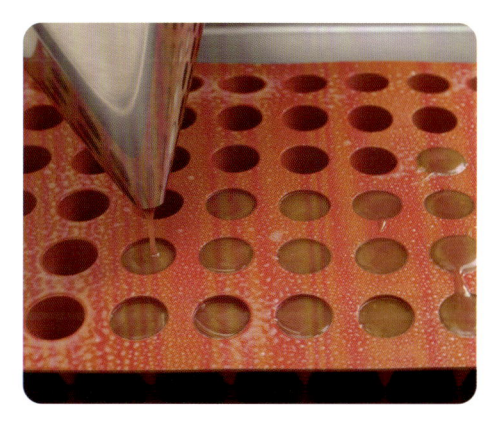

⑬ 糖漿倒入定量杯，灌入模型中，冷藏 1 小時，定型。

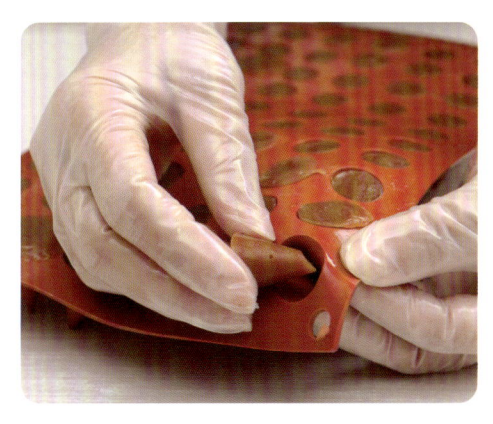

⑭ 脫模。

太妃威士忌牛奶糖

松露海鹽牛奶糖

咖啡派對糖

松露海鹽牛奶糖

成品重量 (g)

約 340g

INGREDIENTS

材料 A
動物鮮奶油　　220g

材料 B
85% 水麥芽　　70g

材料 C
細砂糖　　120g
海藻糖　　50g

材料 D
松露醬　　5g

作法 step

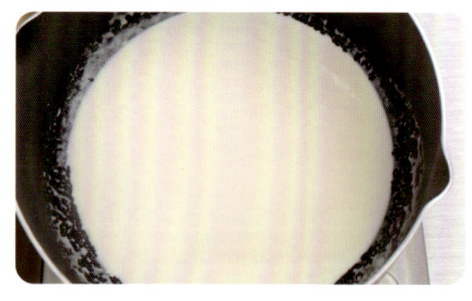

① 動物鮮奶油先加熱到 80℃ 左右，熄火。

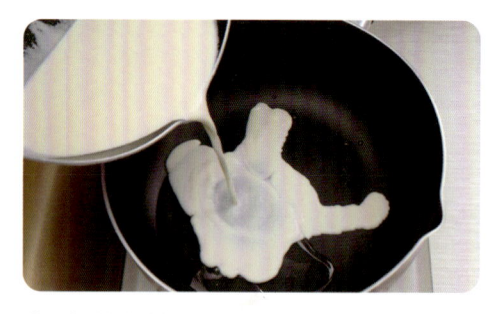

② 麥芽直接秤在鍋中，倒入鮮奶油。

③ 開中小火，將麥芽煮至溶化。

④ 加入細砂糖、海藻糖，拌勻。

⑤ 以中小火煮到：糖漿溫度 120℃ / 糖度 86Brix / 糖漿重量 335 克。

⑥ 熄火，加入松露醬，拌勻。

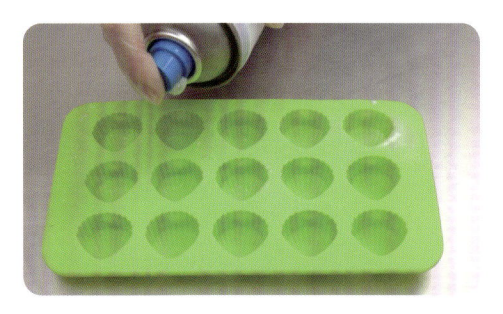

⑦ 糖果模型噴上烤焙油。

⑧ 糖漿倒入定量杯。

⑨ 入模。

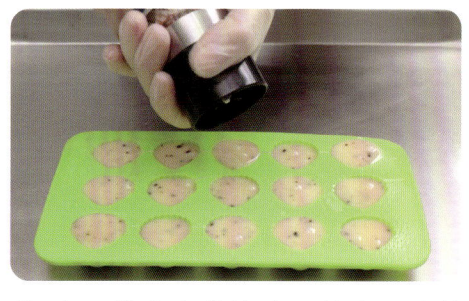

⑩ 表面撒上少許海鹽，放涼、冷藏 2 小時。

⑪ 將糖果脫模。

松露海鹽牛奶糖

咖啡派對糖

成品重量 (g)

約 315g

INGREDIENTS

材料 A
85% 水麥芽	70g
動物鮮奶油	220g

材料 B
即溶咖啡粉	5g

材料 C
細砂糖	60g
海藻糖	60g

材料 D
無水奶油	30g

材料 E
巧克力飾片	適量

作法 step

① 鍋中秤入水麥芽,加入鮮奶油。

② 依序加入咖啡粉、細砂糖、海藻糖,拌勻。

③ 加入無水奶油，拌勻。

④ 中小火煮到：糖漿溫度 120℃ / 糖度 86Brix / 糖漿重量 315 克。

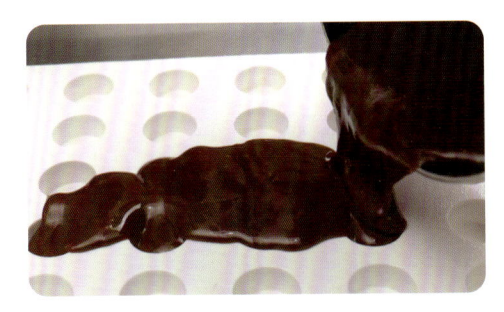

⑤ 模型噴油，糖漿倒入模型中。

⑥ 糖漿抹平，放涼，定型。

⑦ 脫模。

⑧ 將糖果與巧克力裝飾片組合。

⑨ 表面噴上金粉，完成。

咖啡派對糖

雙色巧克力牛奶糖

抹茶香草牛奶糖

雙色巧克力牛奶糖

成品重量 (g)

約 290g

INGREDIENTS

材料 A
動物鮮奶油　　220g

材料 B
85% 水麥芽　　80g

材料 C
細砂糖　　60g
海藻糖　　60g

材料 D
法芙娜 85%　　30g
阿庇諾巧克力

材料 E
法芙娜 33%　　30g
歐帕莉絲白巧克力

作法 step

① 動物鮮奶油先加熱到 80°C 左右，熄火。

② 鍋中秤入水麥芽，將鮮奶油倒入。

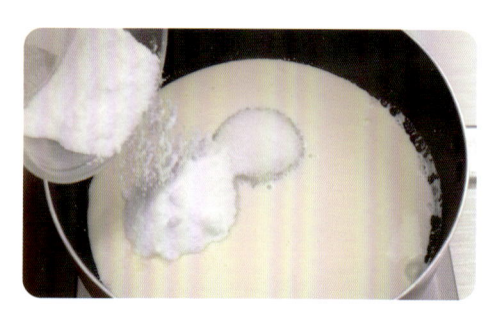

③ 加入細砂糖、海藻糖。

④ 拌勻。

⑤ 以中小火煮到：糖漿溫度 120°C / 糖度 86Brix / 糖漿重量 295 克。

⑥ 將糖漿分成兩份。

⑦ 第一鍋糖漿加入法芙娜 85% 阿庇諾巧克力，拌勻。

⑧ 模型噴油。

⑨ 黑巧克力糖漿倒在模型上，推入模型約一半。

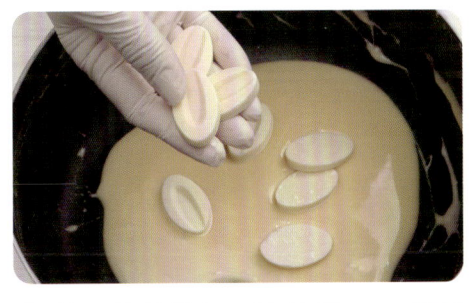

⑩ 第二鍋糖漿加入法芙娜 33% 歐帕莉絲白巧克力，拌勻。

⑪ 白巧克力糖漿倒在模型上，推平，放涼，定型。

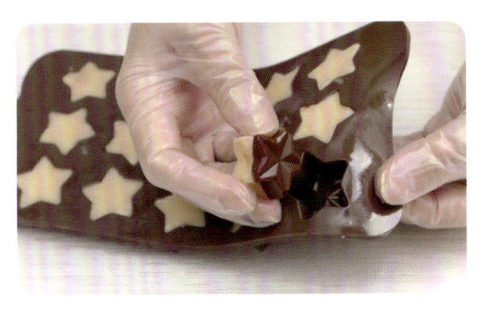

⑫ 脫模，完成。

抹茶香草牛奶糖

成品重量 (g)

約 370g

INGREDIENTS

材料 A
動物鮮奶油　　　220g

材料 B
85% 水麥芽　　　80g

材料 C
細砂糖　　　100g
海藻糖　　　60g

材料 D
無水奶油　　　30g

材料 E
抹茶粉　　　2g

作法 step

① 動物鮮奶油先加熱到 80°C 左右，熄火。

② 鍋中秤入水麥芽，將鮮奶油倒入。

③ 加入細砂糖、海藻糖。

④ 加入無水奶油。

⑤ 以中小火煮到：糖漿溫度 120℃ / 糖度 86Brix / 糖漿重量 370 克。

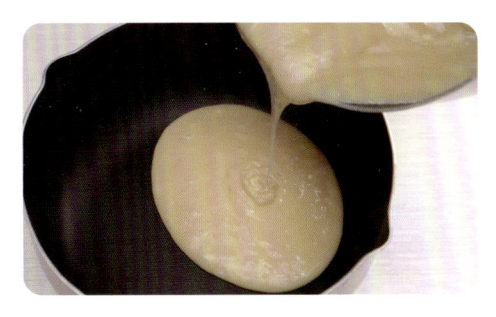

⑥ 將糖漿分成兩鍋。

⑦ 第一鍋糖漿加入 2 克抹茶粉，拌勻。

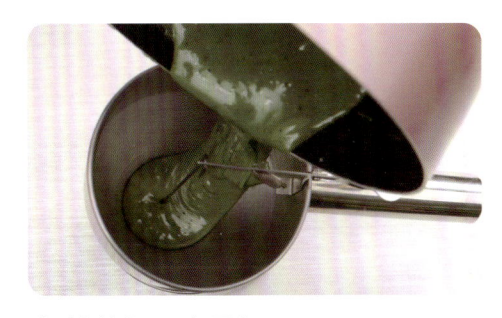

⑧ 糖漿倒入定量杯。

⑨ 模型先噴烤焙油。將糖漿灌入模型中，每格約一半份量。

⑩ 接著倒入白色糖漿，做出雙層效果。

⑪ 抹平，靜置放涼 2 小時。

⑫ 脫模，完成。

抹茶香草牛奶糖

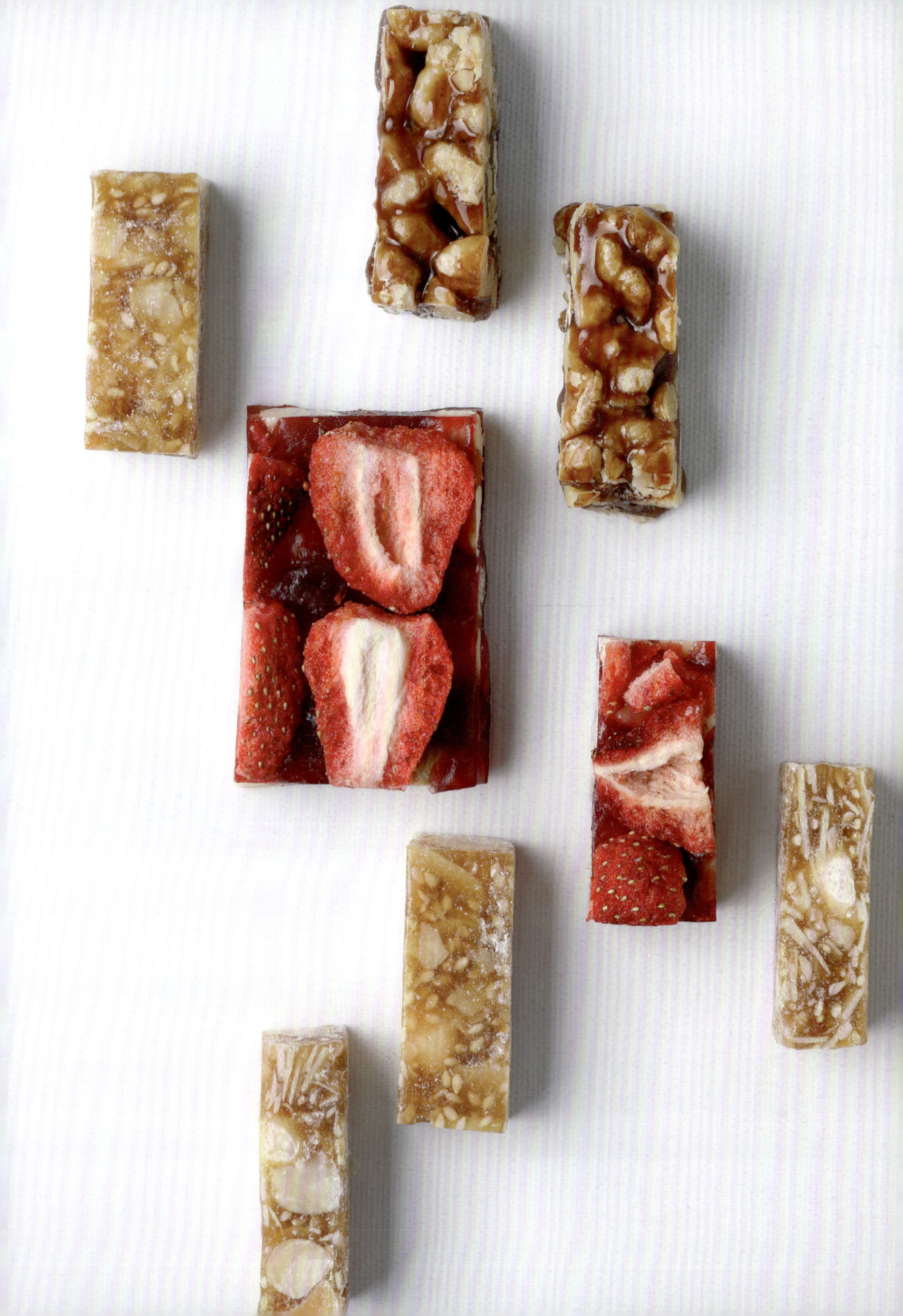

PART 6

凝膠型軟糖

以澱粉及寒天凝膠製成
口感可柔軟可Q彈

- 吃素的朋友若不能食用奶油,可以把奶油改成沙拉油或芥花油代替,配方重量一樣。

- 使用樹薯粉勾芡,糖果會比較Q彈,口感比較好。

- 使用玉米粉勾芡,糖果質地會比較軟一點。

- 軟糖完成後,傳統作法是在切好的糖果外層包上一張糯米紙,防止彼此沾黏,不過這樣的作法相當費工。我在十年前便改良了這個步驟:將糯米紙磨成細粉,再將切好的糖果裹上一層糯米紙粉,不僅能達到防沾效果,還能節省時間與材料,更加方便實用。

- 本章節可用三種方式來判斷糖漿是否完成:①溫度、②糖度Brix、③糖漿重量;只需符合其中一種條件即可。

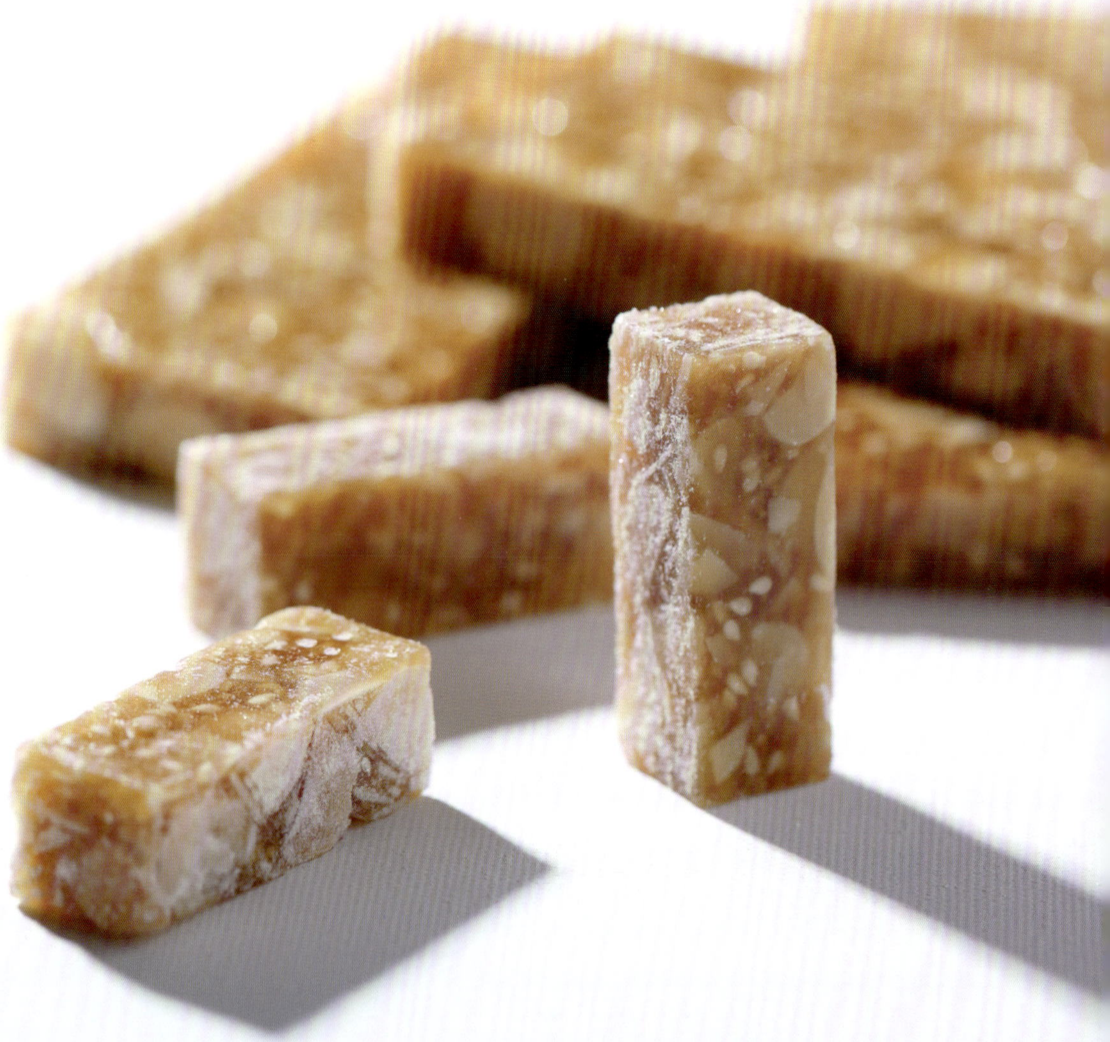

黑糖夏威夷杏仁軟糖

成品重量 (g)
約 1275g

尺寸 (cm)
27×28 cm

INGREDIENTS

材料 A
寒天粉	10g
水	200g

材料 B
黑糖	60g
鹽	3g

材料 C
85% 水麥芽	600g

材料 D
玉米粉	75g
水	120g

材料 E
無水奶油	40g

材料 F
熟白芝麻	60g
烤熟杏仁片	150g
烤熟夏威夷豆	300g

材料 G
糯米紙粉	25g

作法 step

杏仁片 150 克放入烤箱，全火 100°C，烤 30 分鐘，烤熟放涼備用。

夏威夷豆 300 克放入烤箱，全火 100°C，烤 40 分鐘，烤熟放涼備用。

STEP BY STEP

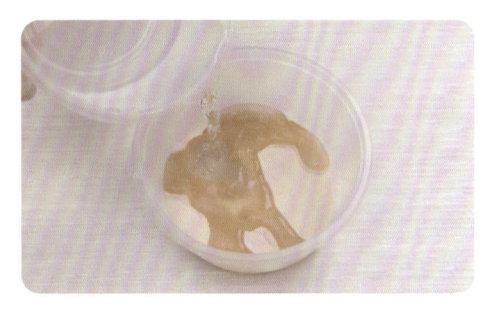

① 寒天粉、水拌勻,浸泡 10 分鐘,倒入鍋中。

② 加入黑糖、鹽,拌勻。

③ 水麥芽倒入鍋中。

④ 開中小火,煮到 110℃ 或糖漿重量 690 克,熄火。

⑤ 玉米粉加水,攪拌均勻。

⑥ 玉米粉水倒入黑糖漿中,用打蛋器攪拌均勻。

⑦ 加入無水奶油。以中小火煮到:糖漿溫度 120℃ / 糖度 86Brix / 糖漿重量 765 克。熄火。

⑧ 加入熟白芝麻,拌勻。

⑨ 加入熟杏仁片,拌勻,若是溫度冷却,可以開小火拌勻。

※ 如果動作不夠快,糖漿溫度降下來會比較不容易拌開,可再開小火保持溫度,糖會比較軟。

⑩ 加入熟夏威夷豆,拌勻,若是溫度冷却,可以開小火拌勻。

⑪ 倒在鋪了防沾布的糖盤上。

⑫ 用飯匙推開。

⑬ 蓋上烤焙布,擀平,放涼。

⑭ 菜刀抹上無水奶油。先切 4 公分長條。

⑮ 再切 1.5 公分小塊。

⑯ 沾上糯米紙粉防黏即完成。

黑糖夏威夷杏仁軟糖

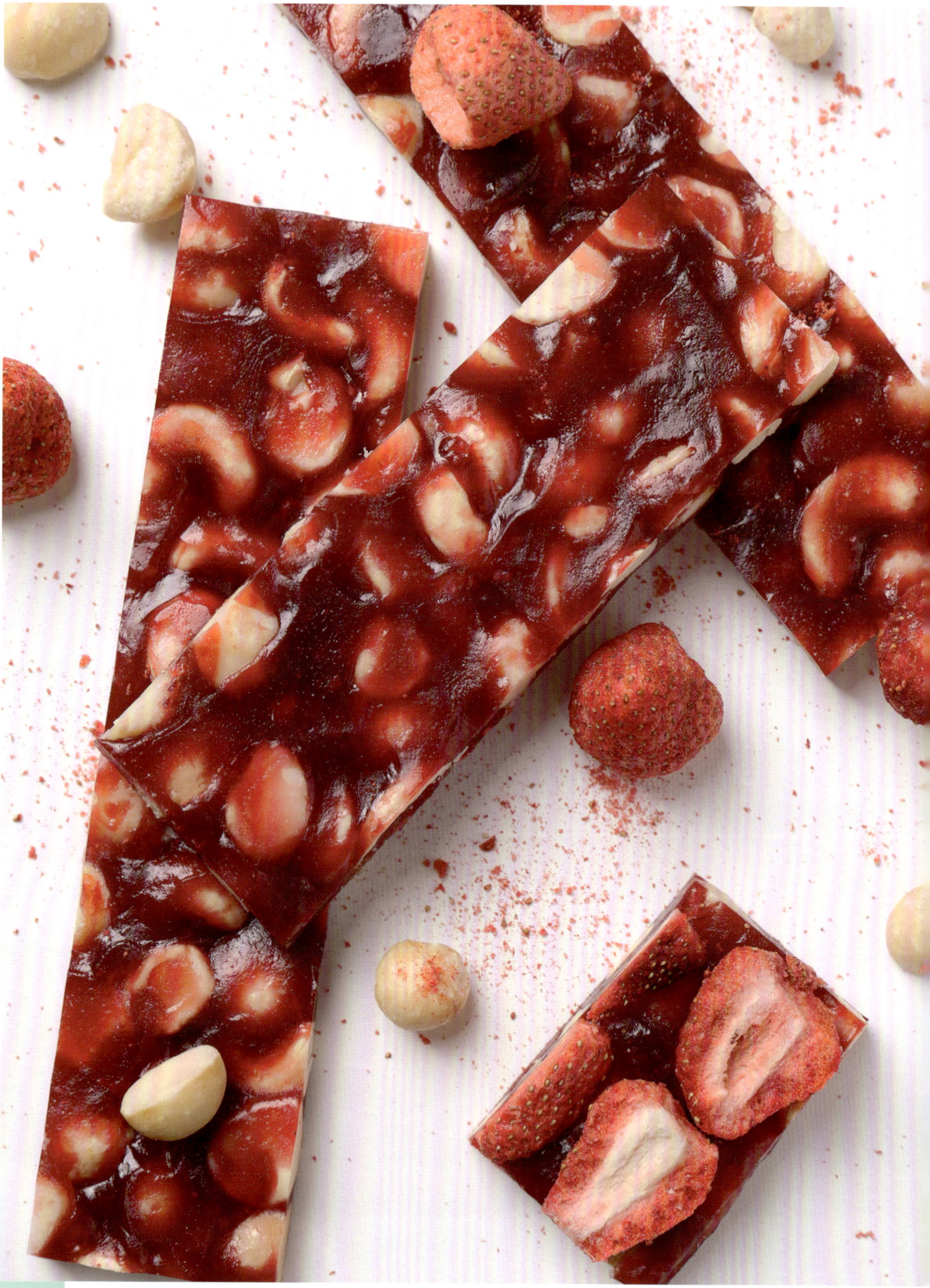

香Q莓果軟糖

成品重量 (g)
約 895g

尺寸 (cm)
22×28 cm

INGREDIENTS

材料 A
寒天粉	2g
水	60g

材料 B
海藻糖	100g
鹽	3g

材料 C
草莓果泥	180g

材料 D
85% 水麥芽	260g

材料 E
玉米粉	75g
覆盆子果泥	100g

材料 F
無水奶油	50g

材料 G
烤熟夏威夷豆	300g
烤熟腰果	100g
草莓果乾	50g

材料 H
糯米紙粉	25g

作法 step

夏威夷豆 300 克放入烤箱，全火 100℃，烤 40 分鐘，烤熟放涼備用。

腰果 100 克放入烤箱，全火 100℃，烤 45 分鐘，烤熟放涼備用。

STEP BY STEP

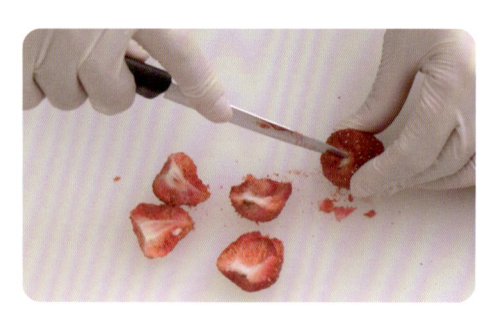

① 乾燥草莓太大,切一半,備用。

② 寒天粉、水拌勻,浸泡 10 分鐘,倒入鍋中。

③ 加入海藻糖、鹽,拌勻。

④ 加入草莓果泥攪勻。

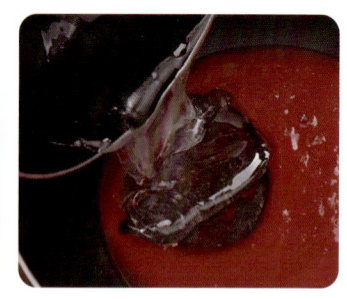

⑤ 將水麥芽倒入鍋中。

⑥ 開中小火,煮到 110℃ 或糖漿重量 450 克,熄火。

⑦ 玉米粉加覆盆子果泥,攪勻。

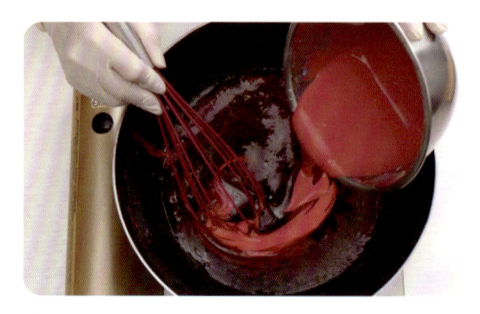

⑧ 倒入糖漿中,用打蛋器攪拌攪勻。

⑨ 加入無水奶油攪勻。開中小火。

⑩ 煮到：糖漿溫度120°C／糖度88Brix／糖漿重量545克。

⑪ 加入熟腰果，拌勻，若是溫度冷却，可以開小火拌勻。

⑫ 加入熟夏威夷豆，拌勻，若是溫度冷却，可以開小火拌勻。

⑬ 倒在鋪了防沾布的糖盤上。

⑭ 用飯匙推開。

⑮ 在表面貼上乾燥草莓。

⑯ 蓋上烤焙布，放涼2小時。

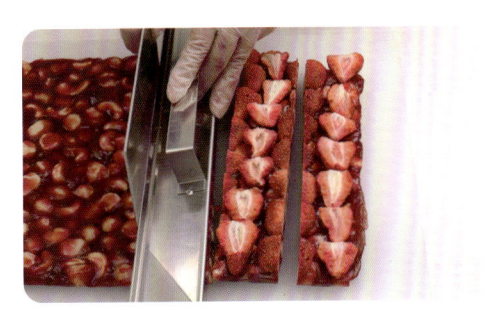

⑰ 菜刀抹上無水奶油。先切4公分長條。

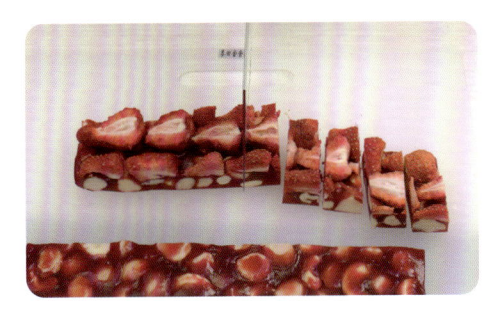

⑱ 再切1.5公分小塊，沾上糯米紙粉防黏即完成。

香Q莓果軟糖

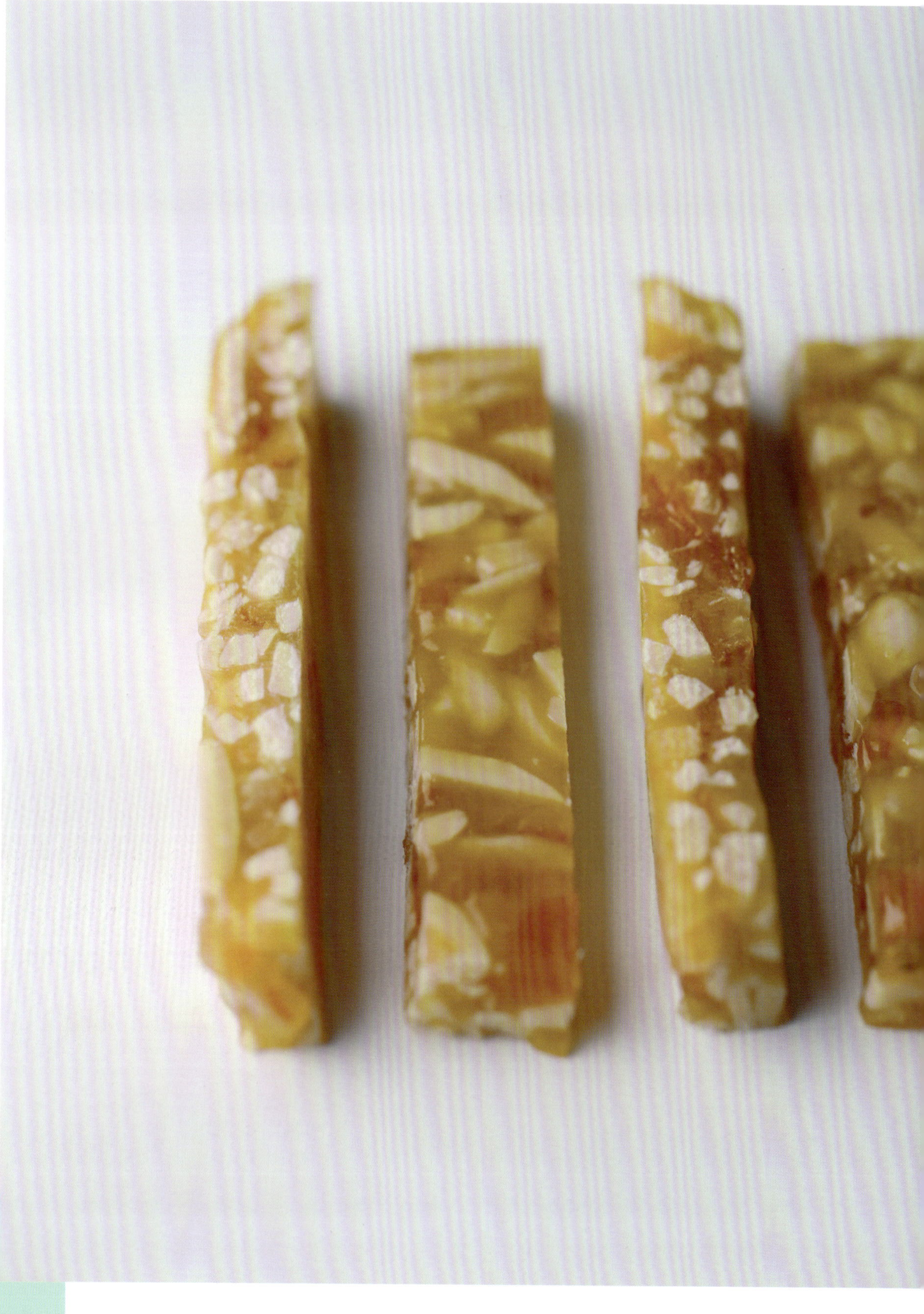

金桔檸檬軟糖

成品重量 (g)
約 1005g

尺寸 (cm)
28×20.5 cm

* 金桔汁和檸檬汁都是高酸度的果汁，請先煮滾、放涼，再使用。

* 煮滾過的果汁，若是沒用完，可以放在冷凍庫保存，退冰即可使用。

INGREDIENTS

材料 A
寒天粉	3g
水	60g

材料 B
海藻糖	160g
鹽	3g

材料 C
金桔汁	175g

材料 D
85% 水麥芽	260g

材料 E
玉米粉	75g
檸檬汁	100g

材料 F
無水奶油	50g

材料 G
金桔果乾	70g
橘皮丁	70g
蘭姆酒	20g

材料 H
烤熟杏仁條	300g

材料 I
糯米紙粉	25g

作法 step

杏仁條 300 克放入烤箱，全火 100℃，烤 30 分鐘，烤熟放涼備用。

① 金桔果乾、橘皮丁混合均勻。

STEP BY STEP

② 蘭姆酒加入果乾中，拌勻，浸泡 10 分鐘，備用。

③ 寒天粉、水拌勻，浸泡 10 分鐘，倒入鍋中。

④ 加入海藻糖、鹽。

⑤ 加入金桔汁攪勻。

⑥ 水麥芽倒入鍋中，加入果泥水。

⑦ 開中小火，煮到 110℃ 或糖漿重量 450 克，熄火。

⑧ 玉米粉加檸檬汁，攪勻。

⑨ 倒入糖漿中，用打蛋器攪拌攪勻。

⑩ 加入無水奶油攪勻。開中小火。

⑪ 煮到：糖漿溫度 120℃ / 糖度 86Brix / 糖漿重量 545 克。

⑫ 加入用蘭姆酒泡好的果乾，拌勻時若是溫度冷却，可開小火拌勻。

⑬ 加入熟杏仁條，拌勻，若是溫度冷却，可以開小火拌勻。

⑭ 倒在鋪了防沾布的糖盤上，用飯匙推開。

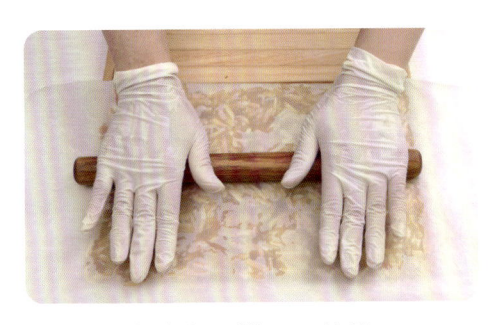

⑮ 蓋上烤焙布，擀平，放涼。

⑯ 菜刀抹上無水奶油。

⑰ 先切 4 公分長條，再切 1.5 公分小塊，沾上糯米紙粉防黏即完成。

金桔檸檬軟糖

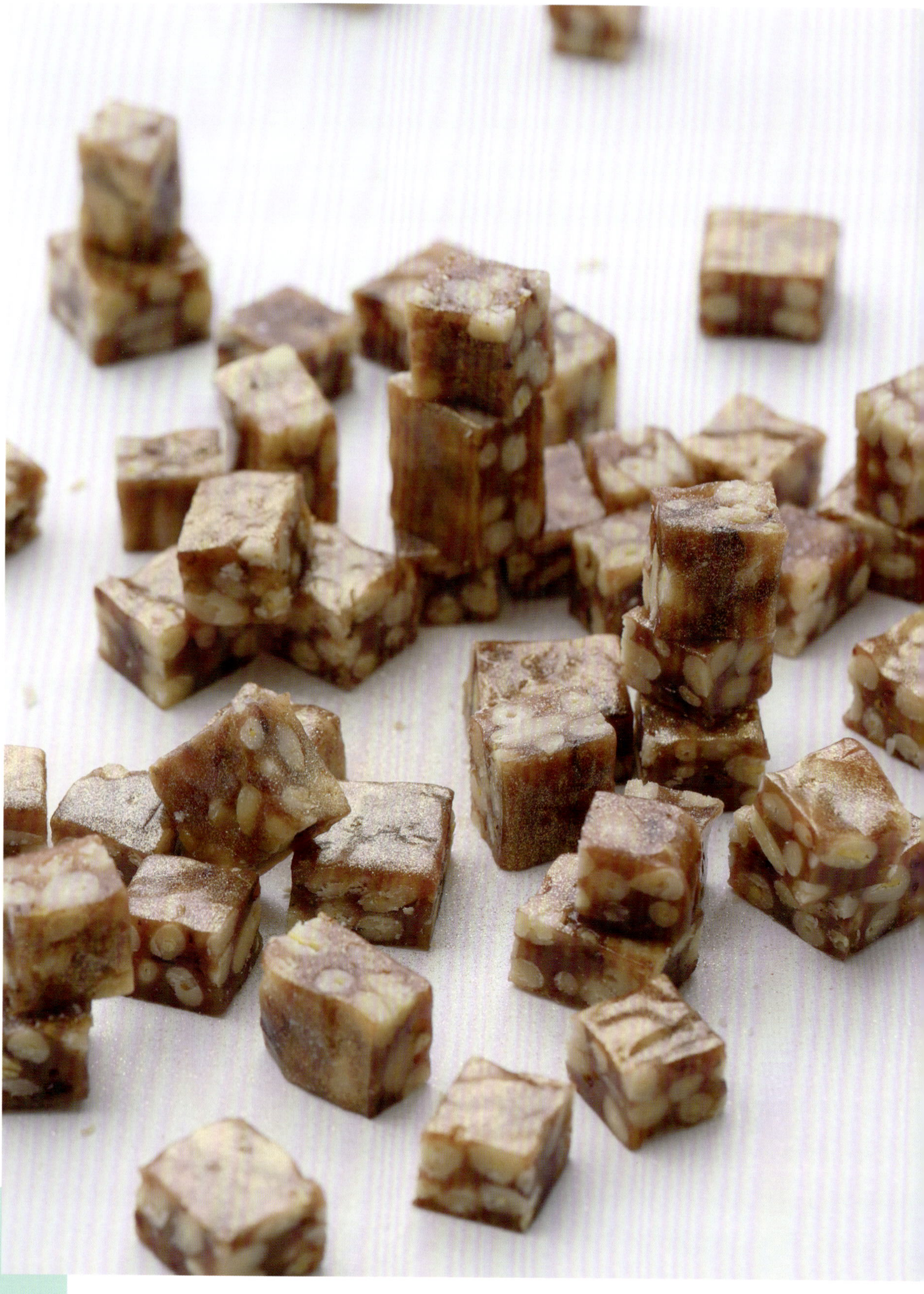

人蔘松子桂花軟糖

成品重量 (g)
約 1150g

尺寸 (cm)
28×26.5 cm

INGREDIENTS

材料 A
寒天粉	9g
水	100g

材料 B
三溫糖	80g
鹽	4g

材料 C
85% 水麥芽	450g

材料 D
紅豆餡	150g
奶水	100g

材料 E
玉米粉	30g
水	45g

材料 F
人蔘粉	10g

材料 G
無水奶油	40g

材料 H
烤熟松子	400g
桂花	5g

材料 I
糯米紙粉	30g
食用金粉	適量

作法 step

松子 400 克放入烤箱，全火 100℃，烤 35 分鐘，烤熟放涼備用。

① 奶水加熱到 40℃，加入紅豆沙。

STEP BY STEP

② 攪勻備用。

③ 玉米粉加水，攪勻備用。

④ 寒天粉、水拌勻，浸泡 10 分鐘，倒入鍋中。

⑤ 加入三溫糖、鹽，拌勻。

⑥ 將水麥芽倒入鍋中。

⑦ 煮滾，熄火。

⑧ 加入作法 2 的紅豆奶水，攪拌均勻。

⑨ 以中小火煮到：糖漿溫度 110°C / 糖漿重量 725 克。

⑩ 熄火，將作法 3 的玉米粉水倒入糖漿中，用打蛋器攪拌攪勻。

⑪ 加入無水奶油攪勻。

⑫ 以中小火煮到：糖漿溫度120°C / 糖度86Brix / 糖漿重量735克。

⑬ 熄火，加入人蔘粉，攪勻。

⑭ 加入桂花，拌勻。

⑮ 加入烤熟松子，拌勻。

⑯ 倒在鋪了防沾布的糖盤上。

⑰ 用飯匙推開。

⑱ 蓋上烤焙布，擀平。

⑲ 表面噴上金粉，放涼2小時。

⑳ 菜刀抹上無水奶油。先切4公分長條。

㉑ 再切1.5公分小塊，沾上糯米紙粉防黏即完成。

人蔘松子桂花軟糖

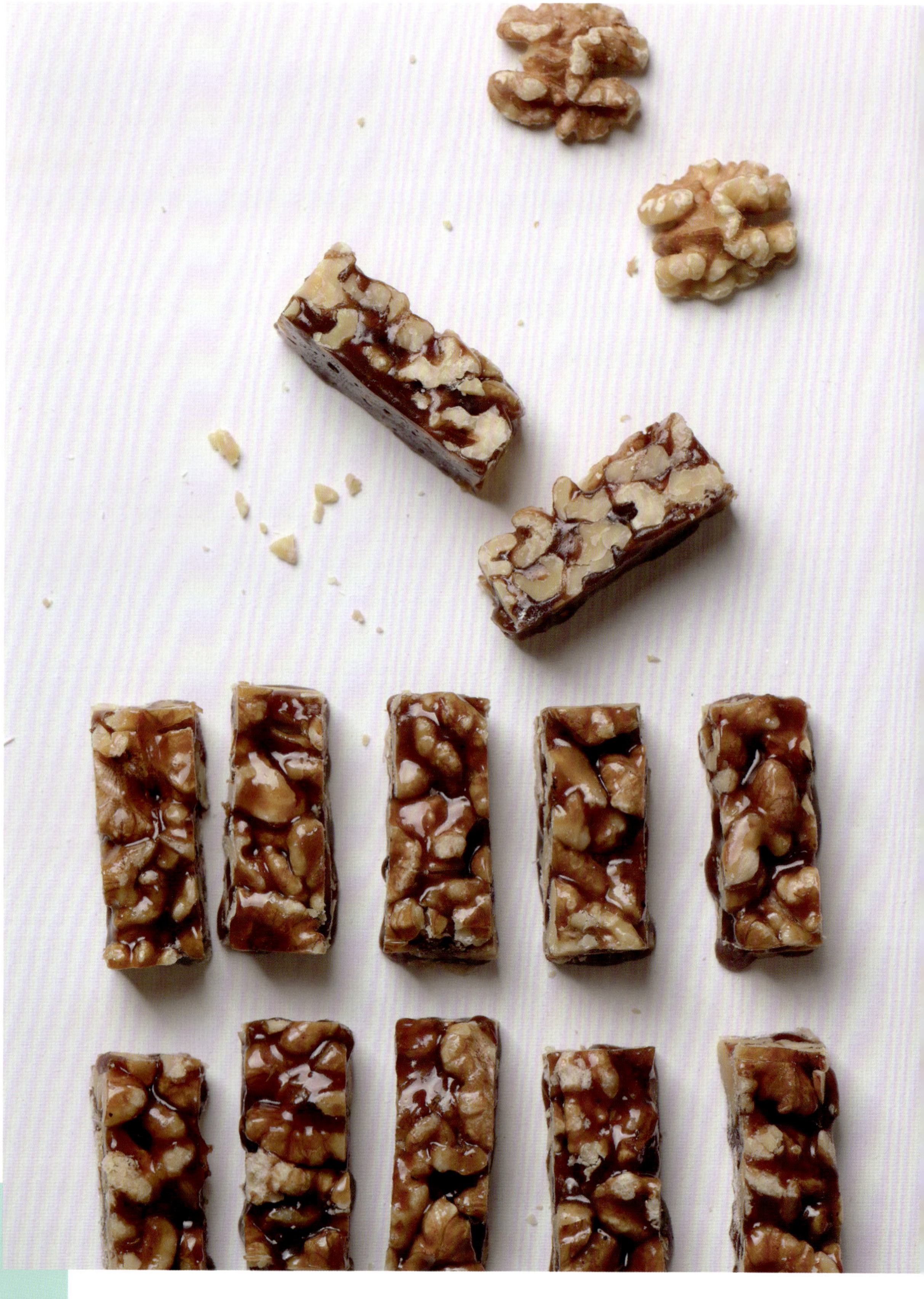

香檳棗泥核桃糖

成品重量 (g)
約 1420g

尺寸 (cm)
28×28 cm

INGREDIENTS

材料 A
寒天粉	10g
水	100g

材料 B
海藻糖	80g
鹽	4g

材料 C
85% 水麥芽	450g

材料 D
黑棗餡	200g
香檳	140g

材料 E
玉米粉	35g
香檳	60g

材料 F
香檳	20g

材料 G
無水奶油	40g

材料 H
烤熟核桃	600g

材料 I
糯米紙粉	30g

作法 step

核桃 600 克放入烤箱，全火 100℃，烤 85 分鐘，烤熟放涼備用。

① 香檳加棗泥餡，攪勻備用。

STEP BY STEP

② 玉米粉加香檳,攪勻備用。

③ 寒天粉、水拌勻,浸泡10分鐘,倒入鍋中。

④ 加入海藻糖、鹽。

⑤ 水麥芽倒入鍋中,煮滾,熄火。

⑥ 加入作法1的香檳棗泥,攪拌均勻。

⑦ 以中小火煮到:糖漿溫度110℃/糖漿重量795克。

⑧ 熄火,將作法2的玉米粉香檳倒入糖漿中,用打蛋器攪拌攪勻。

⑨ 加入無水奶油攪勻。開中小火。

⑩ 煮到:糖漿溫度120℃/糖度86-88Brix/糖漿重量820克。

⑪ 熄火,先攪勻。

⑫ 加入材料 F 的香檳,攪勻提香。

⑬ 加入烤熟核桃,拌勻。

⑭ 倒在鋪了防沾布的糖盤上。

⑮ 將糖團推平。

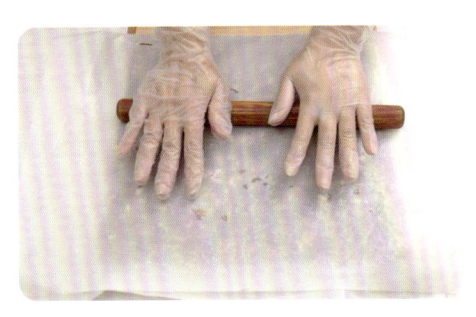

⑯ 蓋上烤焙布,擀平,放涼 2 小時。

⑰ 菜刀抹上無水奶油。先切 4 公分長條。

⑱ 再切 1.5 公分小塊。

⑲ 底部沾上糯米紙粉防黏即完成。

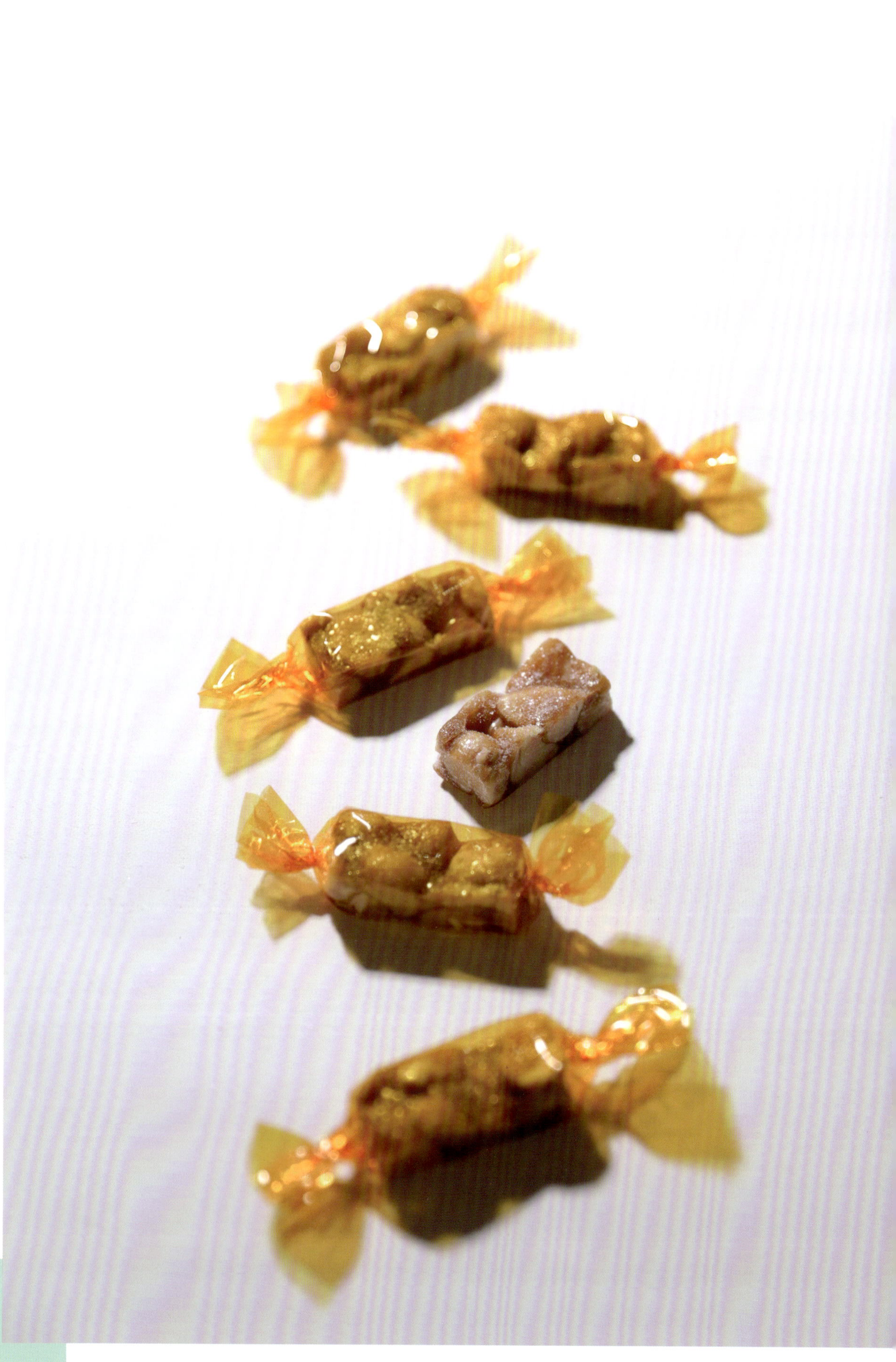

焦糖海鹽火山豆軟糖

成品重量 (g)
約 995g

尺寸 (cm)
28x22.5 cm

＊夏威夷豆 600 克放入烤箱，全火 100℃，烤 70 分鐘，烤熟放涼備用。

INGREDIENTS

材料 A
寒天粉	4g
水	90g

材料 B
85% 水麥芽	180g
鹽	5g

材料 C
動物鮮奶油	220g
香草莢	1/2 根
細砂糖	60g

材料 D
無水奶油	30g

材料 E
烤熟夏威夷豆	600g
海鹽	少許

材料 F
糯米紙粉	25g

作法 step

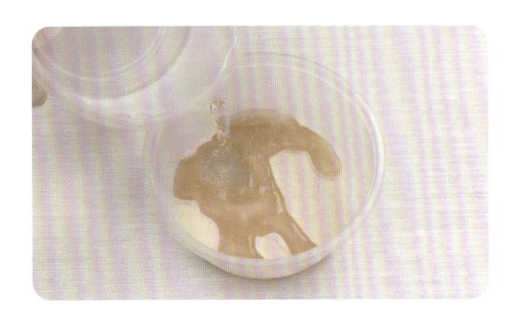

① 寒天粉、水拌勻，浸泡 10 分鐘，倒入鍋中。

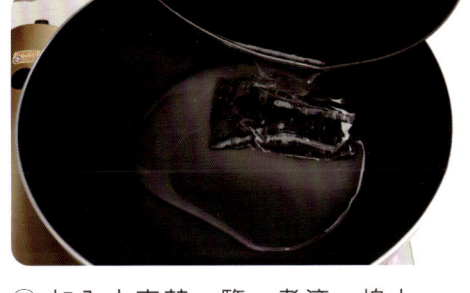

② 加入水麥芽、鹽，煮滾，熄火。

③ 取 1/2 根香草莢剖開。

④ 將香草籽輕輕刮下來。

STEP BY STEP

⑤ 另取一個鍋,放入鮮奶油及香草籽,煮滾後熄火,保溫在80℃左右。

⑥ 再取一個小鍋,放入一半細砂糖。

⑦ 輕輕旋轉搖動鍋子,不可以攪拌,煮到砂糖溶化後,再加另一半。

⑧ 將糖漿煮滾成焦糖,熄火。

⑨ 將80℃左右的熱鮮奶油,分兩次沖入焦糖中,拌勻。

⑩ 開小火,煮滾後熄火。

⑪ 把焦糖漿倒入煮好的作法2中。

⑫ 加入無水奶油。開中小火。

⑬ 煮到:糖漿溫度118℃/糖度86Brix/糖漿重量395克。

⑭ 熄火，用刮刀攪拌一下糖漿，把多餘的水蒸氣散掉。

⑮ 加入烤熟夏威夷豆，拌勻。

⑯ 拌勻的糖果，倒入鋪了烤焙布的糖盤上。

⑰ 將糖團推平。

⑱ 表面撒上少許海鹽

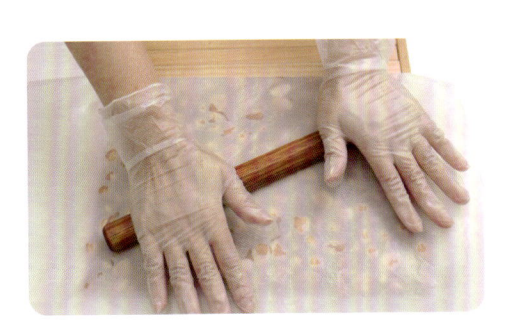

⑲ 蓋上烤焙布，擀平，放涼。

⑳ 菜刀抹上無水奶油。放涼後，先切 4 公分長條。

㉑ 再切 1.5 公分小塊。

㉒ 沾上糯米紙粉防黏即完成。

焦糖海鹽火山豆軟糖

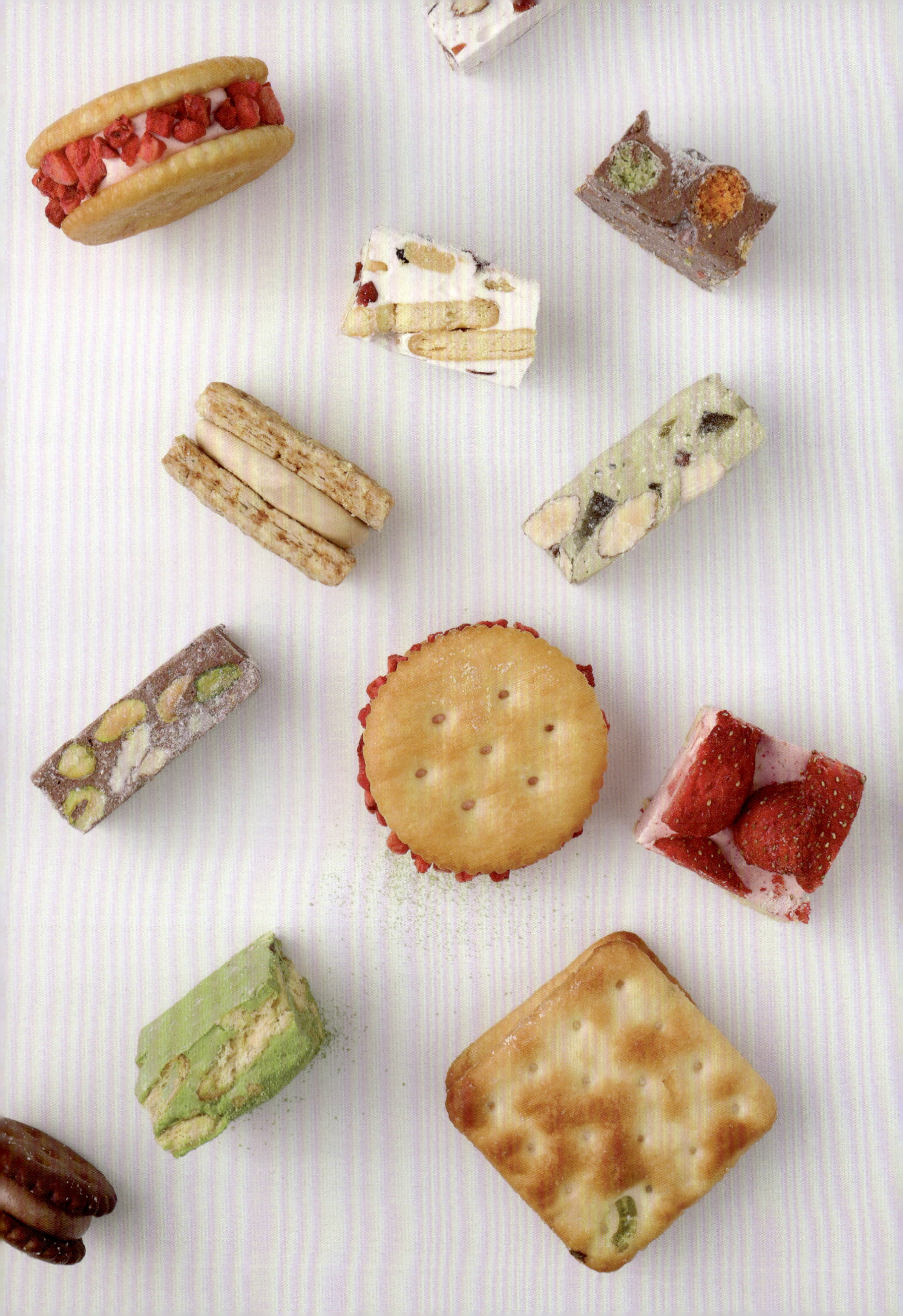

PART 7

充氣型軟糖

充滿空氣感
入口即化的綿花糖

- 要降低甜度,可以把一半的細砂糖換成海藻糖。
- 堅果一定要烤熟。花生可以換成任何喜歡吃的堅果。
- 充氣型軟糖是利用打發至乾性發泡的蛋白,與高密度濃糖漿拌勻,藉由蛋白結構將空氣帶入糖漿中,使糖體口感變得輕盈、鬆軟。
- 蛋白請使用冰過的老蛋白,打發的蛋白泡泡較為穩定。
- 素食的蛋白,請用濃縮過的鷹嘴豆水代替。
- 鷹嘴豆水作法:① 鷹嘴豆300克加水800克,放冷藏泡隔夜約8小時。② 泡好後豆子顏色會較深,上爐煮。③ 過程中會開始出現白色泡沫。等水沸騰,撈去浮沫。④ 轉小火煮40分鐘(蓋鍋蓋),關火燜30分鐘。⑤ 得鷹嘴豆水240公克,得鷹嘴豆640公克。

  ** 若是沒有時間煮鷹嘴豆水,或是使用的量不多,可以到賣場買鷹嘴豆罐頭,取出罐頭裡的水,濃縮煮至少一半重量,就可以替代使用。

- 素食牛軋糖的糖團煮好後,把糖團整形成小塊狀,放乾燥,就是素的綿花糖。(不加堅果)
- 本章節可用三種方式來判斷糖漿是否完成:① 溫度、② 糖度Brix、③ 糖漿重量;只需符合其中一種條件即可。

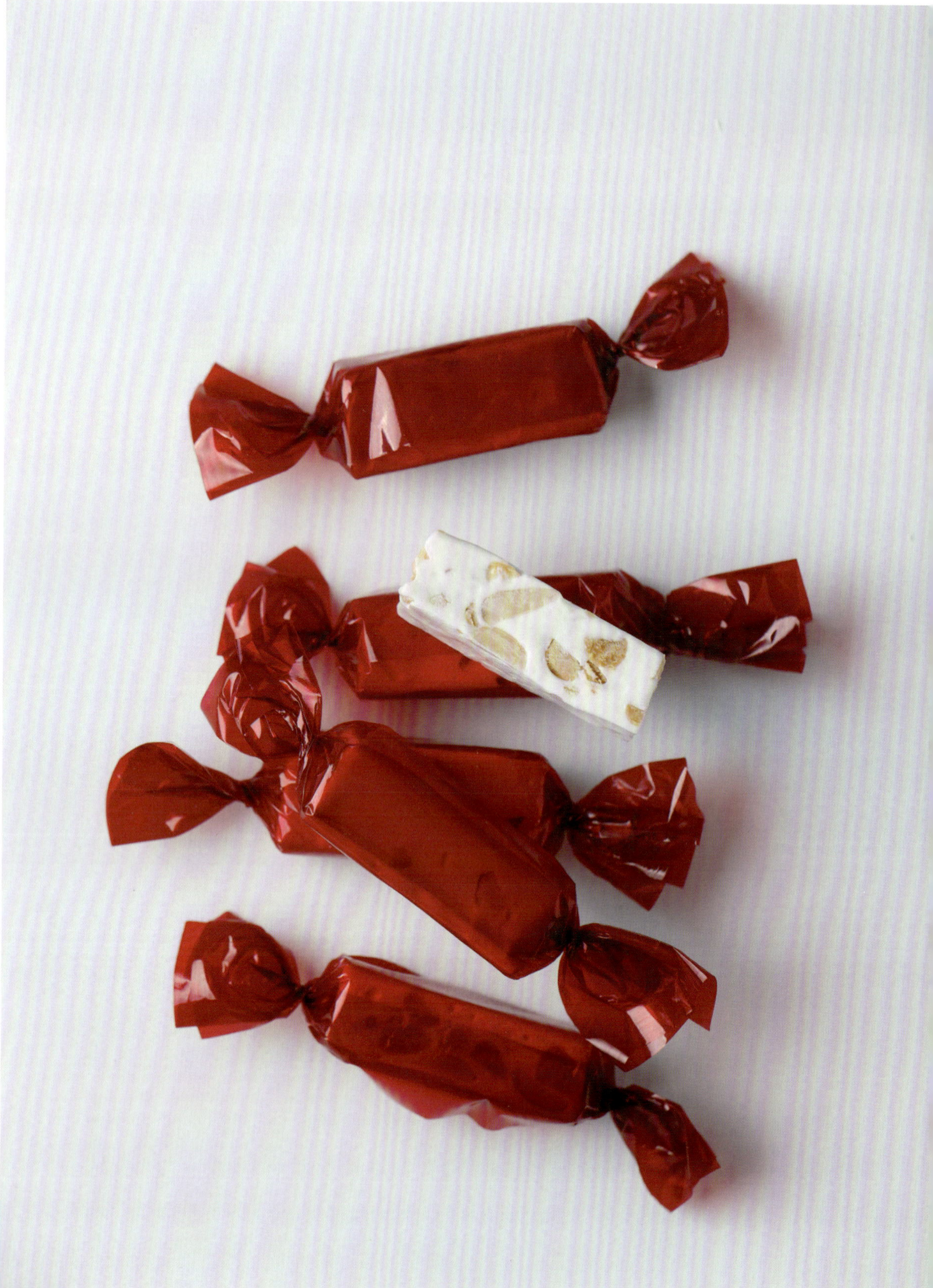

傳統花生牛軋糖

INGREDIENTS

成品重量 (g)
約 2160g

尺寸 (cm)
22×48 cm

材料 A
85% 水麥芽	750g
細砂糖	200g
海藻糖	200g
鹽	10g
冷開水	100g

材料 B
新鮮蛋白	120g

材料 C
無水奶油	100g

材料 D
全脂奶粉	140g
香草粉	10g

材料 E
去皮熟花生	700g

作法 step

① 水麥芽秤在鍋中，加入細砂糖。

② 加入海藻糖、鹽。

③ 加入冷開水，把糖沾濕。

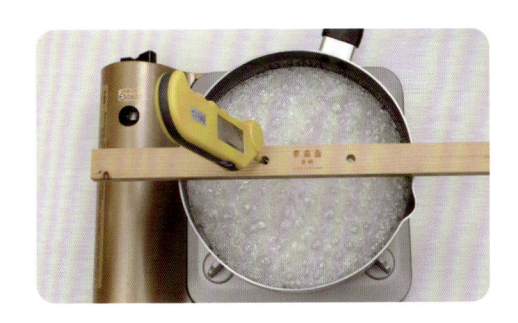

④ 中小火煮到：糖漿溫度 130℃ / 糖度 92Brix / 糖漿重量 1095 克。

STEP BY STEP

⑤ 將蛋白倒入攪拌缸中。 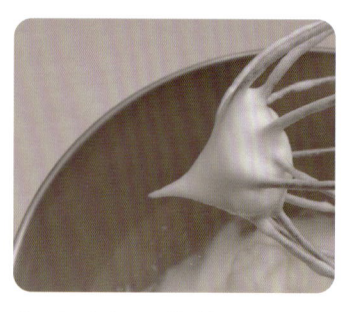　⑥ 蛋白打至乾性發泡。 　⑦ 將 1/2 的糖漿倒入蛋白中,快速打勻(大約 1 分鐘)。

⑧ 再倒入另一半剩下的糖漿,快速打勻(大約 1 分 30 秒),若天氣太冷,鋼盆下面可墊 70℃ 熱水(避免糖漿冷卻變硬就不易打發)。

⑨ 加入融化的無水奶油,打勻(邊攪拌邊倒)。

⑩ 手套抹上無水奶油。

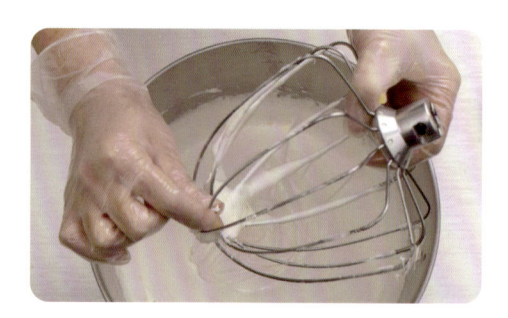

⑪ 將球狀攪拌器拿起清理。

⑫ 奶粉和香草粉過篩,加入蛋白糖中。

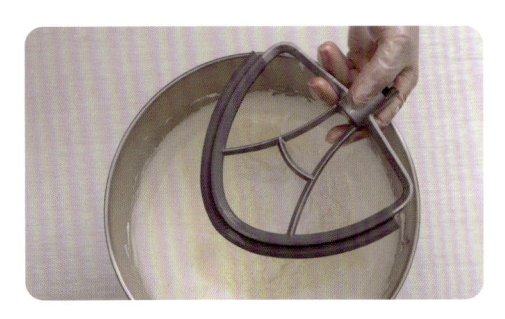

⑬ 用扇形拌打器拌勻。

⑭ 加入去皮熟花生，拌勻。

⑮ 倒在鋪了防沾布的糖盤上，用飯匙推開。

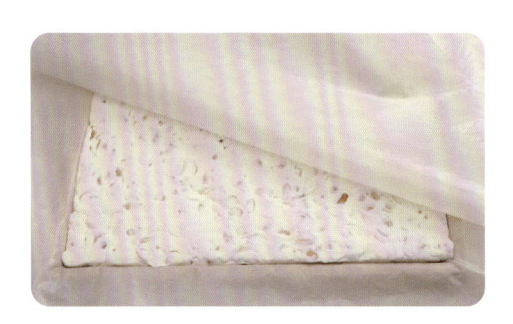

⑯ 蓋上烤焙布。

⑰ 再用擀麵棍擀平，放涼約 2 小時。

⑱ 刀子上抹無水奶油。先切 4 公分長條。

⑲ 再切 1.5 公分小塊。

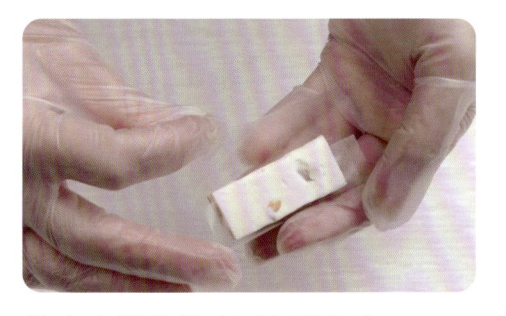

⑳ 包上糯米紙（防黏）即完成。

傳統花生牛軋糖

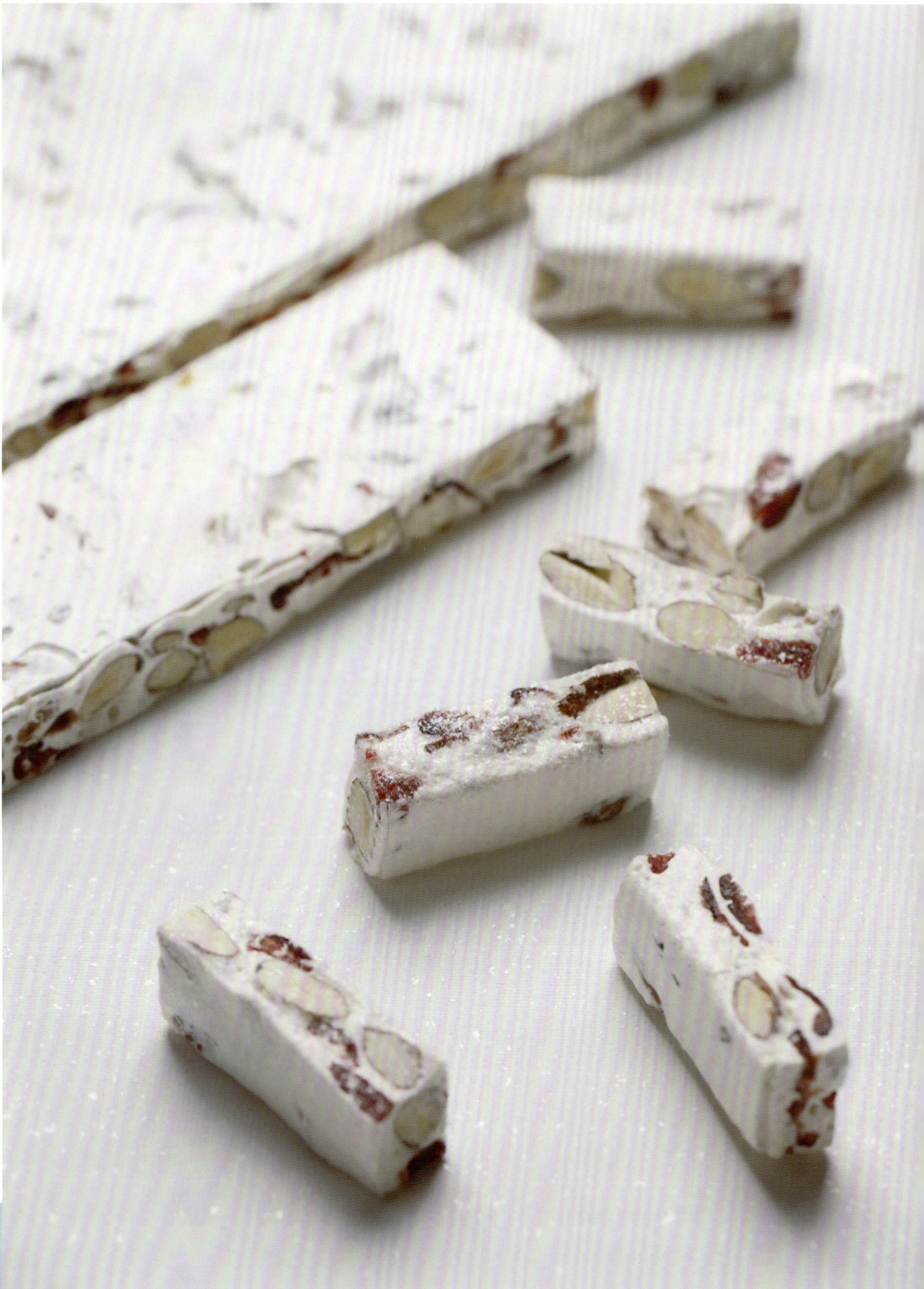

鬆軟花生牛軋糖

成品重量 (g)
約 1290g

尺寸 (cm)
28×32 cm

*杏仁果 500 克用全火 100℃，烤熟（約 2 小時）。

INGREDIENTS

材料 A
寒天粉	5g
冷開水 1	100g

材料 B
85% 水麥芽	300g
海藻糖	80g
鹽	5g

材料 C
蛋白霜粉	50g
冷開水 2	40g

材料 D
明膠粉	6g
冷開水 3	24g

材料 E
無水奶油	50g

材料 F
全脂奶粉	100g

材料 G
烤熟杏仁果	500g

材料 H
蔓越莓乾	150g

作法 step

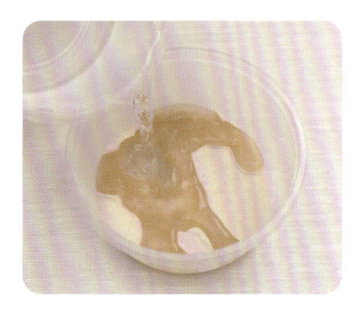

① 寒天粉加入冷開水 1 拌勻，浸泡 10 分鐘。

② 明膠粉加入冷開水 3 拌勻，浸泡 10 分鐘。

③ 攪拌缸中加入蛋白霜粉後，將冷開水 2 加入。

STEP BY STEP

④ 將作法 3 攪拌均勻。

⑤ 快速打發 3-4 分鐘，呈乾性發泡狀態。

⑥ 鍋中倒入水麥芽，加入海藻糖、鹽。

⑦ 寒天水加入鍋中。

⑧ 先把糖沾濕。

⑨ 以中小火煮到：糖漿溫度 132°C / 糖度 90Brix / 糖漿重量 375 克。

⑩ 熄火，全部倒入乾性發泡的蛋白裡快速打發 1 分 30 秒。

⑪ 加入溶化的明膠水，快速打發 1 分鐘。

⑫ 手套抹上無水奶油。

⑬ 將球狀攪拌器拿起清理。

⑭ 加入過篩好的奶粉。

⑮ 用扇形拌打器，慢速拌勻。

⑯ 加入蔓越莓。

⑰ 加入烤熟的杏仁果慢速拌勻。

⑱ 糖盤鋪上烤焙布，將糖團在糖盤上推平。

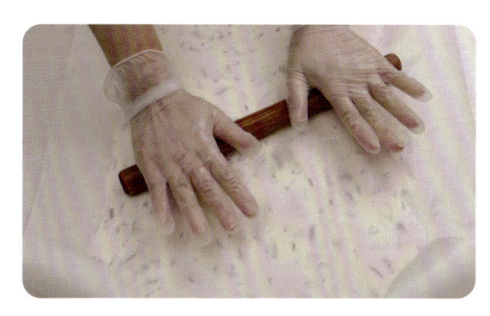

⑲ 用擀麵棍擀平靜置、冷却、定型2小時。

⑳ 刀子上抹無水奶油。切4公分長條。

㉑ 切1.5公分小塊。

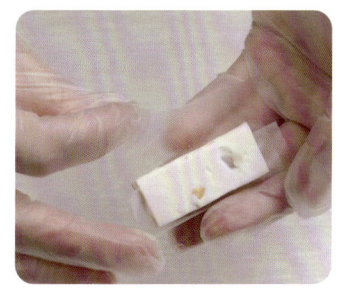

㉒ 包上糯米紙（防黏）即完成。

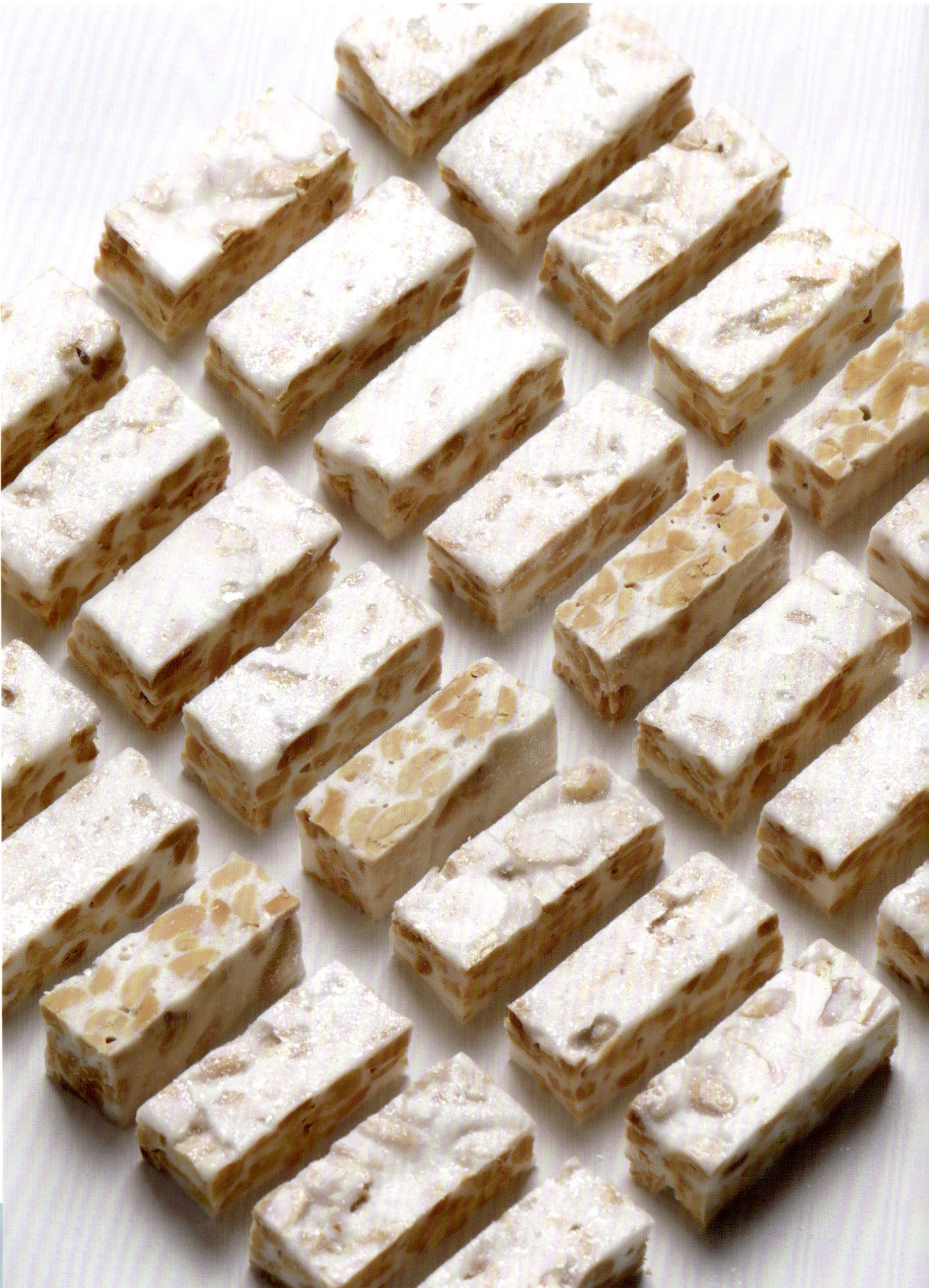

素花生牛軋糖

成品重量 (g)
約 1425g

尺寸 (cm)
28×26.5 cm

＊鷹嘴豆罐頭

INGREDIENTS

材料 A
寒天粉　　　　　5g
冷開水　　　　100g

材料 B
85% 水麥芽　　300g
海藻糖　　　　 80g
鹽　　　　　　 5g

材料 C
濃縮鷹嘴豆水　 90g

材料 D
椰子油　　　　 50g

材料 E
熟米穀粉　　　300g
香草粉　　　　 10g

材料 F
去皮熟花生　　600g

作法 step

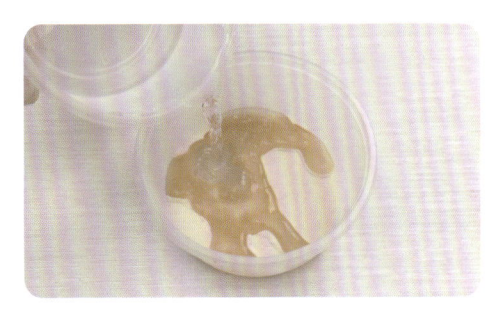

① 寒天粉加入冷開水，浸泡 10 分鐘。

② 從鷹嘴豆罐頭取出水 180 克，小火煮到剩 90 克，放涼。

③ 米穀粉放在鍋子裡，小火炒到飄出湯圓的香味，熄火，放涼備用。

④ 鍋中倒入水麥芽，加入海藻糖、鹽。

STEP BY STEP

⑤ 寒天水加入水麥芽中。

⑥ 先把糖沾濕。

⑦ 以中小火煮到：糖漿溫度 132℃ / 糖度 90Brix / 糖漿重量 375 克。

⑧ 攪拌缸中倒入作法 2 的鷹嘴豆水。

⑨ 鷹嘴豆水快速打發，呈乾性發泡狀態，即為素蛋白。

⑩ 糖漿分 2 次倒入打發的素蛋白裡：第一次打 30 秒，第二次打 1 分 30 秒。

⑪ 加入椰子油，快速打發 40 秒。

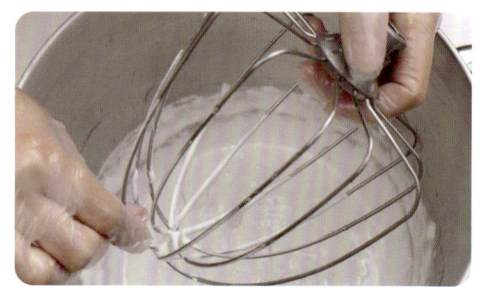

⑫ 手套抹上椰子油，將球狀攪拌器拿起清理。

⑬ 加入炒熟的米穀粉和香草粉。

⑭ 用扇形拌打器,慢速拌勻。

⑮ 加入烤熟花生,慢速拌勻。

⑯ 糖盤鋪上烤焙布,將糖團在糖盤上推平。

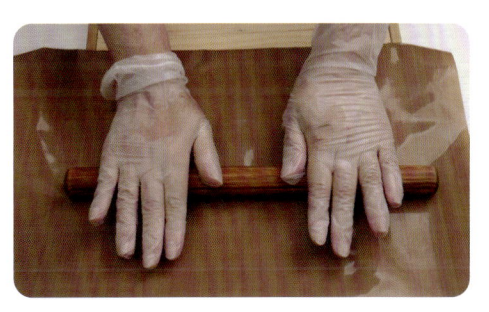

⑰ 用擀麵棍擀平靜置、冷却、定型 2 小時。

⑱ 均勻沾上糯米紙粉。

⑲ 刀子上抹椰子油,切 4 公分長條。

⑳ 再切 1.5 公分小塊,包裝即完成。

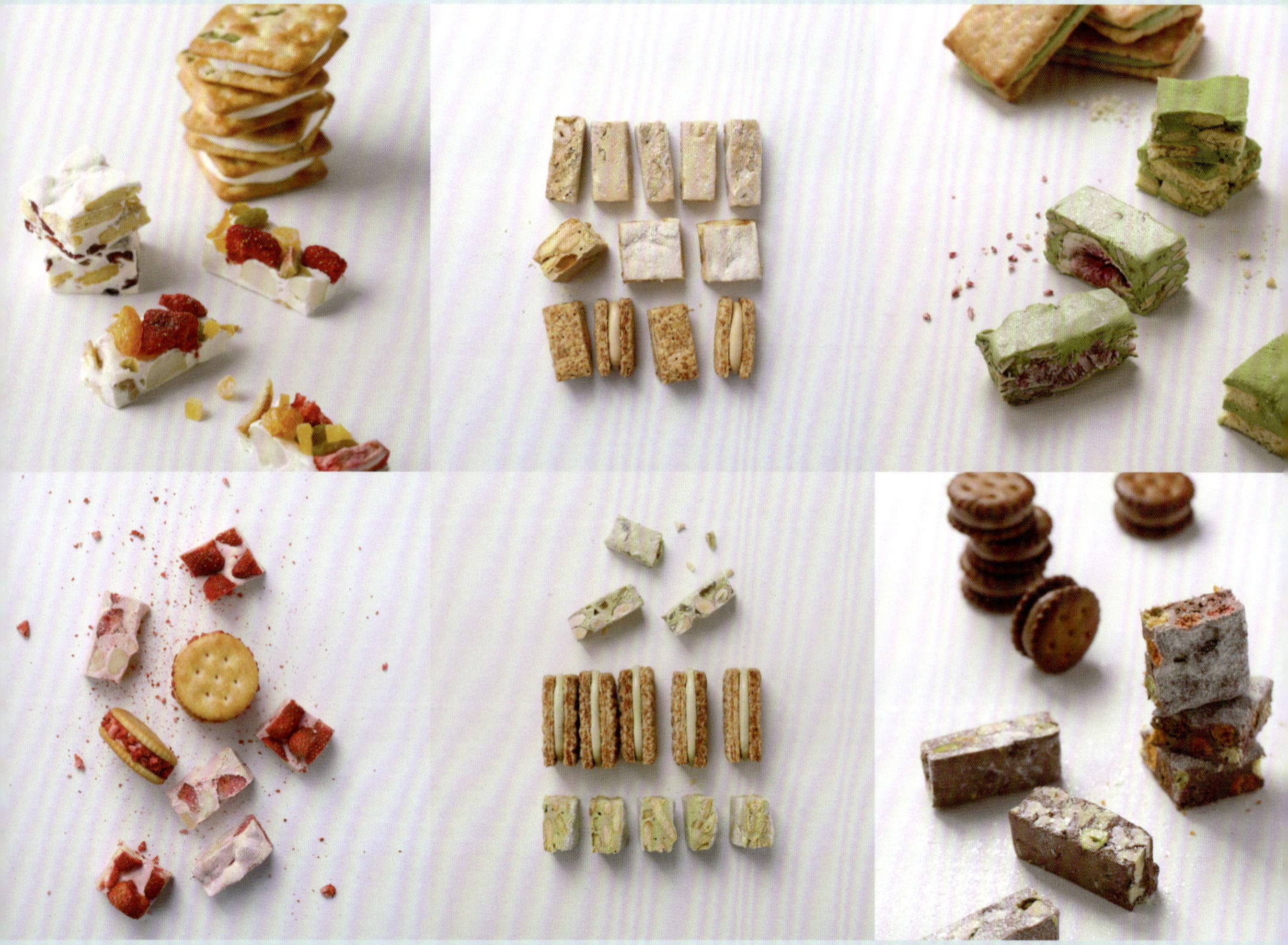

PART 8

風味糖團的延伸變化

- 每一款的材料A、B、C、D、E為風味糖團配方，食材和重量都不能改。
- 配方裡的水果乾和堅果，可以依照自己喜歡的口味做調整變化。
- 素食者可不加材料B，不影響整體製作。
- 堅果一定要先烤熟，才加入糖團中拌勻。
- 堅果加入前不需要加熱，室溫即可（但不可以是冰的）。
- 牛軋糖配方中添加寒天可讓糖果定型，加明膠則能增加Q度。
- 明膠粉就是吉利丁粉，可以用吉利丁片代替，重量須照配方秤重。
- 建議選用全脂奶粉，做出來的糖果比較香；書中使用的是法國伊思尼品牌。
- 做糖果加奶油的目的，是防止糖果黏牙，請使用無水奶油製作，糖果品質比較穩定。
- 本章節使用台灣生產的19號天然發酵無水奶油，品質穩定好操作，口感較好。
- 本章節的巧克力使用法國法芙娜巧克力及法國法芙娜可可粉。
- 咖啡粉不建議選用特濃、特苦或深烘焙等風味，否則做出來的糖果容易偏苦。
- 本章節的茶粉可以更換為其他您喜歡的茶粉。
- 本章節可用三種方式來判斷糖漿是否完成：①溫度、②糖度Brix、③糖漿重量；只需符合其中一種條件即可。

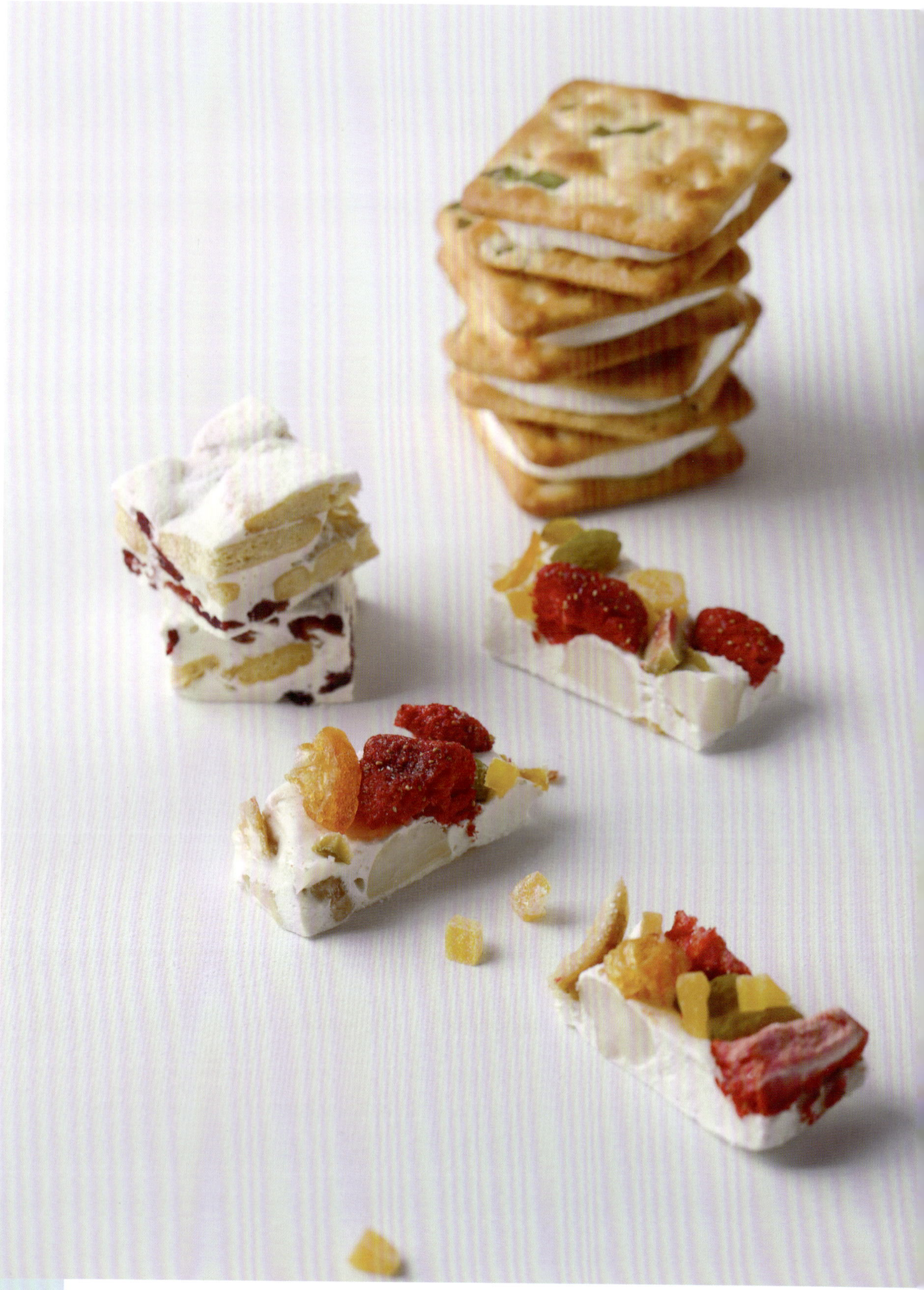

原味糖團

蘇打牛軋餅・繽紛水果牛軋糖・蔓越莓雪Q餅

原味糖團 |

一份糖團重量 (g)
約 590g

INGREDIENTS_

材料 A
寒天粉　　　　　8g
冷開水 1　　　100g

材料 B
明膠粉　　　　　6g
冷開水 2　　　 24g

材料 C
蛋白霜粉　　　 50g
冷開水 3　　　 40g

材料 D
85% 水麥芽　　300g
海藻糖　　　　 80g
鹽　　　　　　　5g

材料 E
無水奶油　　　 50g

材料 F
全脂奶粉　　　120g

▪ 作法

① 寒天粉加入冷開水 1，浸泡 10 分鐘。

② 明膠粉加入冷開水 2，浸泡 10 分鐘。

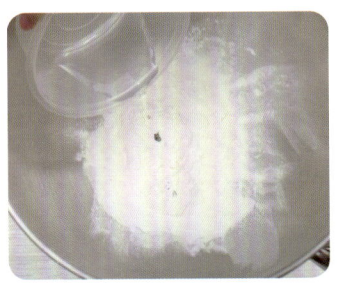

③ 攪拌缸中放入蛋白霜粉，再將冷開水 3 倒入。

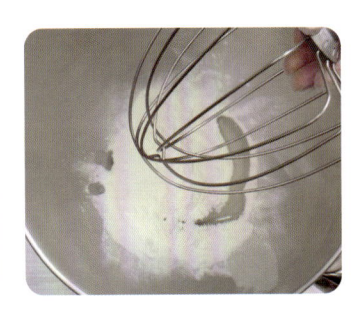

④ 攪拌均勻。

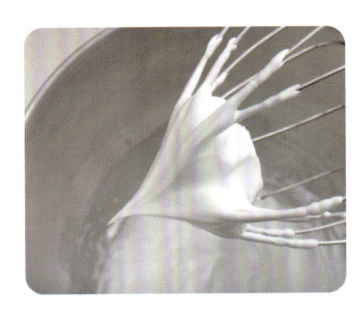

⑤ 快速打發 3-4 分鐘，呈乾性發泡狀態。

⑥ 鍋中秤入水麥芽，加入材料 D 的海藻糖、鹽。

⑦ 加入作法 1 的寒天水。

⑧ 先把糖沾濕。

⑨ 中小火煮到：糖漿溫度 132°C / 糖度 90Brix / 糖漿重量 375 克。

⑩ 熄火，糖漿全部倒入乾性發泡的蛋白中，快速打發 1 分 30 秒。

⑪ 加入作法 2 的明膠水，快速打發 1 分鐘。

⑫ 加入融化的無水奶油，快速打發 40 秒。

⑬ 手套抹上無水奶油。

⑭ 將球狀攪拌器拿起清理。

⑮ 加入過篩好的奶粉。

⑯ 用扇形拌打器，慢速拌勻。

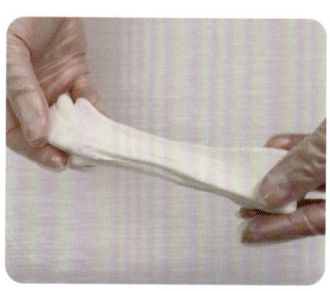

⑰ 基礎糖團完成。

蘇打牛軋餅

材料 G
蘇打餅乾

作法

① 手套先抹上無水奶油。取 10g 的糖團,揉圓。

② 取兩片蘇打餅乾將糖團夾入。

繽紛水果牛軋糖

尺寸:
28×27.5 cm

材料 F
全脂奶粉　　　220g

材料 H
烤熟夏威夷豆　300g
乾燥草莓　　　50g
柳橙片　　　　50g
青葡萄乾　　　30g
芒果乾　　　　30g
金桔乾　　　　20g
紅心芭樂乾　　30g

＊糖團的材料 A-E 與作法同前,唯材料 F 的奶粉要改為 220g。

作法

夏威夷豆 300 克放入烤箱,全火 100℃,烤 40 分鐘,烤熟放涼備用。

① 糖盤鋪上烤焙布,將糖團取出至糖盤上。

② 加入烤熟的夏威夷豆,拌勻,將糖團擀平。

原味糖團

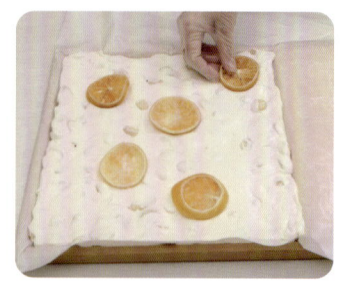

③ 貼上柳橙乾。

④ 將乾燥草莓切半。

⑤ 貼上乾燥草莓。

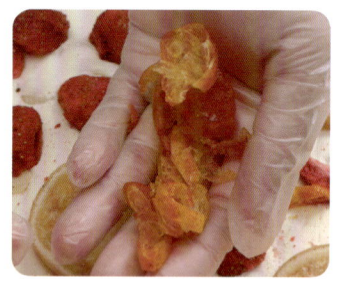

⑥ 貼上金桔乾。

⑦ 貼上青葡萄乾。

⑧ 貼上芒果丁。

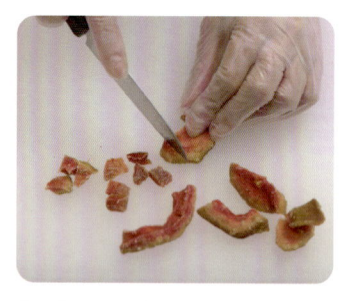

⑨ 將紅心芭樂乾切小塊。

⑩ 貼上紅心芭樂乾。讓糖團靜置、冷卻、定型2小時。

⑪ 刀子上抹無水奶油。

⑫ 牛軋糖定型後,切4公分長條。

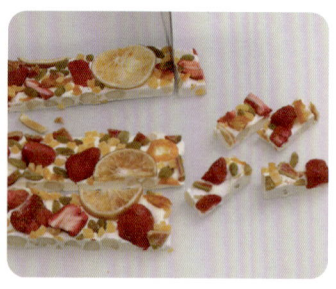

⑬ 再切1.5公分小塊,底部沾上糯米紙粉,包裝即完成。

蔓越莓雪 Q 餅

尺寸：
28×24 cm

材料 I
奇福餅乾　　　250g
蔓越莓乾　　　200g

材料 J
奶粉　　　　　 30g

▪ 作法

① 攪拌完成的基礎糖團加入蔓越莓乾，拌勻。

② 加入奇福餅乾，拌勻。

③ 移到糖盤上，整型。

④ 表面撒上奶粉（防黏），靜置冷却、定型 2 小時。

⑤ 刀子上抹無水奶油。

⑥ 糖團定型後，切 3 公分長條。

⑦ 再切 3 公分小塊，底部沾上糯米紙粉，完成。

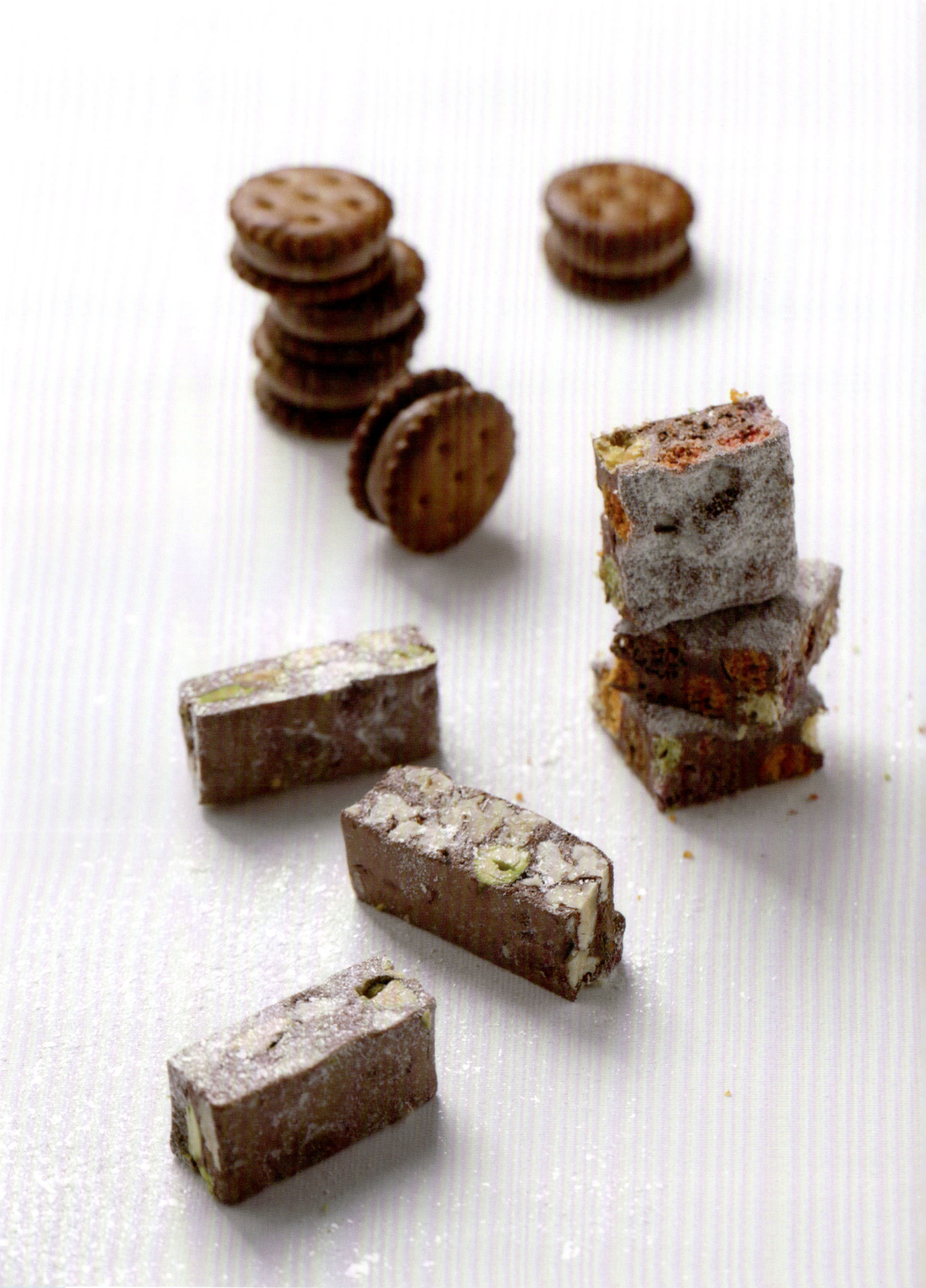

巧克力糖團

黑糖奇福牛軋餅・法芙娜巧克力牛軋糖・彩色脆球雪Q餅

巧克力糖團

一份糖團重量 (g)
約 620g

INGREDIENTS_

材料 A
寒天粉	8g
冷開水 1	100g

材料 B
明膠粉	6g
冷開水 2	24g

材料 C
蛋白霜粉	50g
冷開水 3	40g

材料 D
85% 水麥芽	300g
海藻糖	80g
鹽	5g

材料 E
法芙娜 85% 阿庇諾巧克力	50g

材料 F
全脂奶粉	90g
法芙娜可可粉	30g

▪ 作法

① 寒天粉加入冷開水 1，浸泡 10 分鐘。

② 明膠粉加入冷開水 2，浸泡 10 分鐘。

③ 攪拌缸中放入蛋白霜粉，再將冷開水 3 倒入。

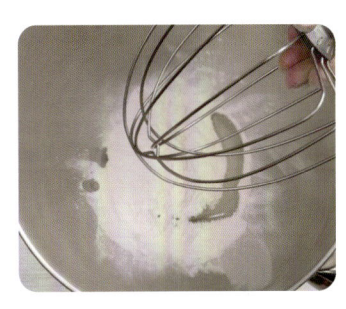

④ 攪拌均勻。

⑤ 快速打發 3-4 分鐘，呈乾性發泡狀態。

⑥ 鍋中秤入水麥芽，加入海藻糖。

⑦ 加入鹽。

⑧ 加入作法1的寒天水。

⑨ 先把糖沾濕。

⑩ 中小火煮到：糖漿溫度132°C / 糖度90Brix / 糖漿重量375克。

⑪ 熄火，糖漿全部倒入乾性發泡的蛋白中，快速打發1分30秒。

⑫ 加入作法2已溶化的明膠水，快速打發1分鐘。

⑬ 加入融化好的阿庇諾巧克力，快速打發40秒。

⑭ 手套抹上無水奶油，將球狀攪拌器拿起清理。

⑮ 加入過篩好的奶粉及可可粉。

⑯ 用扇形拌打器，慢速拌勻。

⑰ 基礎巧克力糖團完成。

黑糖奇福牛軋餅

材料 G
黑糖小奇福餅乾

▪ 作法

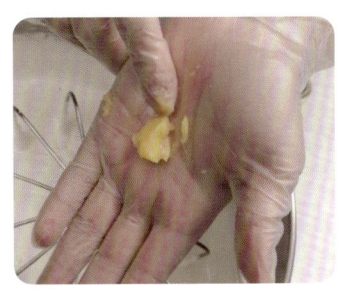

① 手套先抹上無水奶油。

② 取 4g 糖團，揉圓，以兩片餅乾夾心，完成。

法芙娜巧克力牛軋糖

尺寸：
28×24.5 cm

材料 F
全脂奶粉	190g
法芙娜可可粉	30g

材料 H
烤熟開心果	200g
烤熟胡桃	200g

＊製作巧克力糖團的材料 A-E 與作法同前，唯材料 F 的奶粉要改為 190g，讓牛軋糖的質地不會太軟。

▪ 作法

開心果 200 克放入烤箱，全火 100℃，烤 30 分鐘，烤熟。

胡桃 200 克放入烤箱，全火 100℃，烤 30 分鐘，烤熟。

① 加入烤熟的開心果，拌勻。

② 加入烤熟的胡桃，拌勻。

巧克力糖團

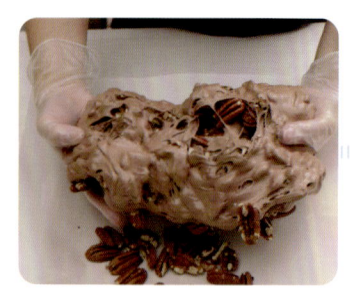

③ 糖盤鋪上烤焙布，糖團移至糖盤。

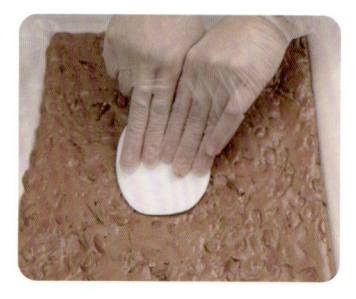

④ 將糖團在糖盤上推平。

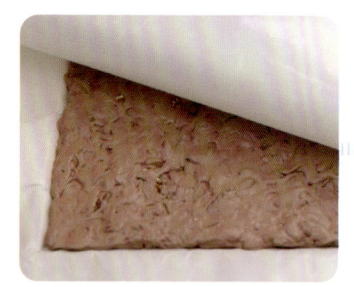

⑤ 用擀麵棍擀平，靜置、冷卻、定型 2 小時。

⑥ 刀子上抹無水奶油。

⑦ 切 4 公分長條。

⑧ 再切 1.5 公分小塊。

⑨ 沾上糯米紙粉即完成。

彩色脆球雪Q餅

尺寸：
28×27 cm

材料 I
彩色脆球　　　180g

材料 J
奶粉　　　　　30g

▪ 作法

① 攪拌完成的巧克力糖團加入彩色脆球，拌勻。

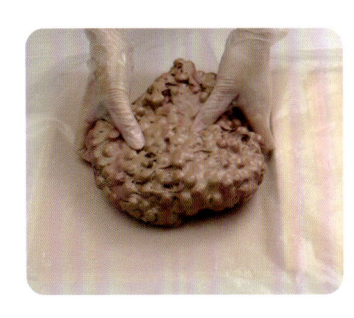

② 將糖團移到糖盤上。

③ 整型鋪平。

④ 表面撒上奶粉（防黏），靜置冷卻、定型2小時。

⑤ 刀子上抹無水奶油。

⑥ 切3公分長條。

⑦ 再切3公分小塊，底部沾上糯米紙粉，完成。

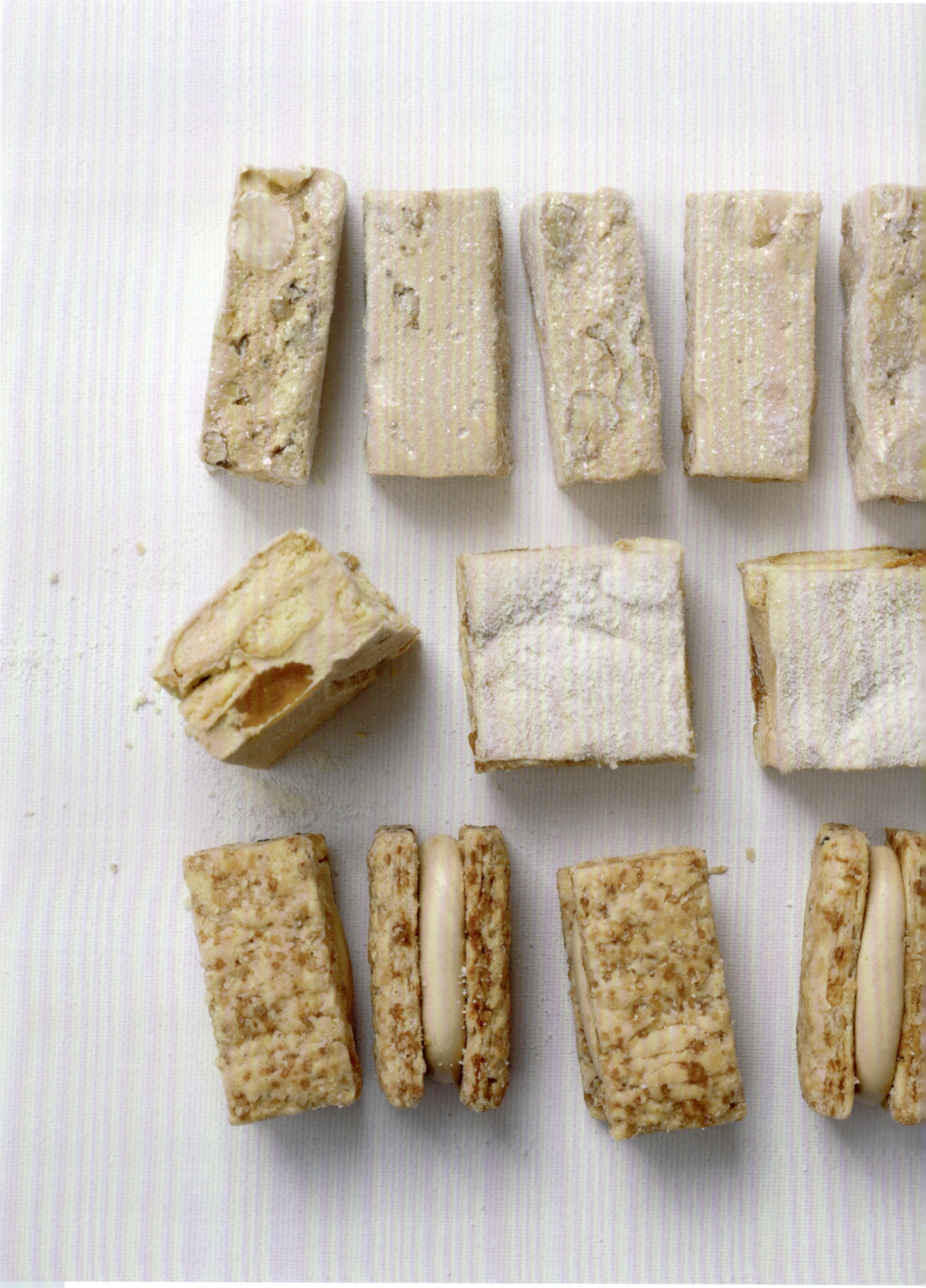

咖啡糖團

方塊咖啡牛軋餅・咖啡榛果脆脆牛軋糖・杏桃雪Q餅

咖啡糖團 |

一份糖團重量 (g)
約 620g

INGREDIENTS_

材料 A
寒天粉	8g
冷開水 1	100g

材料 B
明膠粉	6g
冷開水 2	24g

材料 C
蛋白霜粉	50g
冷開水 3	40g

材料 D
85% 水麥芽	300g
海藻糖	80g
鹽	5g

材料 E
無水奶油	50g
即溶咖啡粉	15g

材料 F
全脂奶粉	120g

・作法

① 寒天粉加入冷開水 1，浸泡 10 分鐘。

② 明膠粉加入冷開水 2，浸泡 10 分鐘。

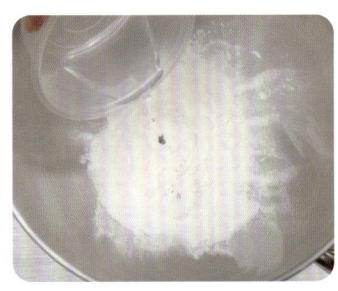

③ 攪拌缸中放入蛋白霜粉，再加入冷開水 3。

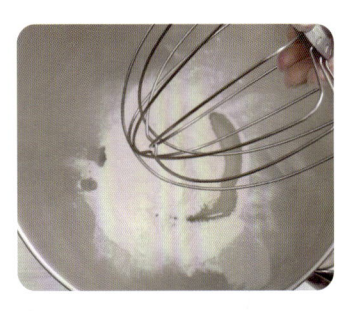

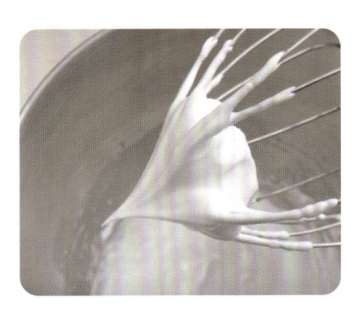

④ 攪拌均勻。

⑤ 快速打發 3-4 分鐘，呈乾性發泡狀態。

⑥ 鍋中秤入水麥芽，加入海藻糖、鹽。

⑦ 加入作法 1 的寒天水。

⑧ 先把糖沾濕。

⑨ 中小火煮到：糖漿溫度 132℃ / 糖度 90Brix / 糖漿重量 375 克。

⑩ 熄火，糖漿全部倒入乾性發泡的蛋白中，快速打發 1 分 30 秒。

⑪ 加入作法 2 已溶化的明膠水，快速打發 1 分鐘。

⑫ 融化的無水奶油與即溶咖啡粉混合均勻。

⑬ 加入，快速打發 40 秒。

⑭ 手套抹上無水奶油，將球狀攪拌器拿起清理。

⑮ 加入過篩好的奶粉。

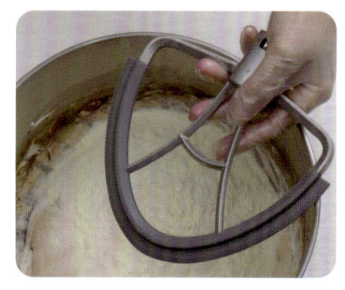

⑯ 用扇形拌打器，慢速拌勻。

⑰ 基礎咖啡糖團完成。

方塊咖啡牛軋餅

材料 G
原味小方塊酥

▪ 作法

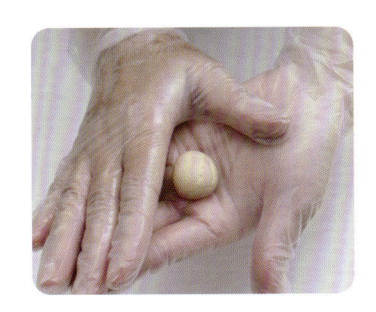

① 手套抹上無水奶油。取 4g 糖團，揉圓。

② 以兩片餅乾夾心，完成。

咖啡榛果脆脆牛軋糖

尺寸：
28×24.5 cm

材料 F
全脂奶粉　　　220g

材料 H
烤熟核桃　　　200g
烤熟榛果　　　200g

＊製作咖啡糖團的材料 A-E 與作法同前，唯材料 F 的奶粉要改為 220g，讓牛軋糖的質地不會太軟。

▪ 作法

核桃 200 克放入烤箱，全火 100℃，烤 30 分鐘，烤熟。

榛果 200 克放入烤箱，全火 100℃，烤 25 分鐘，烤熟。

① 加入烤熟的核桃，拌勻。

② 加入烤熟的榛果，拌勻。

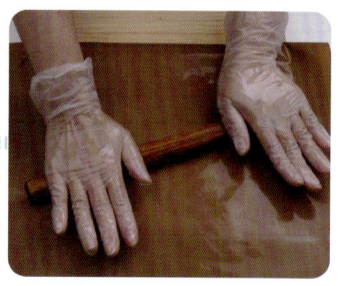

③ 糖盤鋪上烤焙布,將糖團在糖盤上推平。

④ 用擀麵棍擀平,靜置、冷却、定型 2 小時。

⑤ 刀子上抹無水奶油。

⑥ 切 4 公分長條。

⑦ 再切 1.5 公分小塊。

⑧ 沾上糯米紙粉後,包裝即完成。

杏桃雪Q餅

尺寸：
28×25 cm

材料 I
奇福餅乾　　　250g
杏桃　　　　　150g

材料 J
奶粉　　　　　30g

▪ 作法

① 杏桃切成小塊。

② 攪拌完成的咖啡糖團加入杏桃，拌勻。

③ 加入奇福餅乾，拌勻。

④ 移到糖盤上，整型鋪平。

⑤ 表面撒上奶粉（防黏），靜置冷却、定型2小時。

⑥ 刀子上抹無水奶油。

⑦ 切3公分長條。

⑧ 再切3公分小塊，底部沾上糯米紙粉，完成。

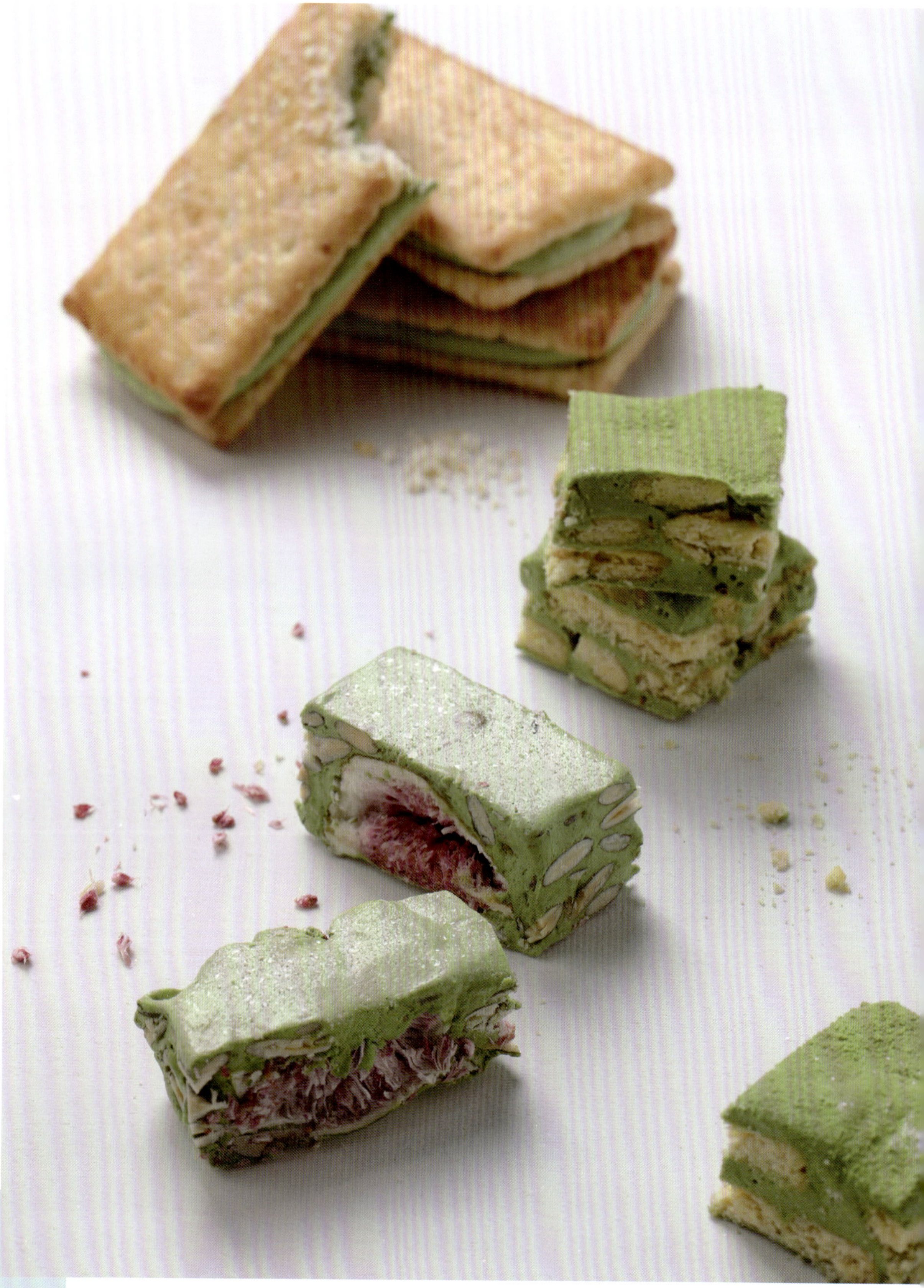

抹茶糖團

抹茶牛軋餅・抹茶無花果牛軋糖・無花果雪Q餅

抹茶糖團 |

一份糖團重量(g)
約 620g

INGREDIENTS_

材料 A
寒天粉　　　　8g
冷開水 1　　100g

材料 B
明膠粉　　　　6g
冷開水 2　　　24g

材料 C
蛋白霜粉　　　50g
冷開水 3　　　40g

材料 D
85% 水麥芽　300g
海藻糖　　　　80g
鹽　　　　　　5g

材料 E
無水奶油　　　50g
抹茶粉　　　　15g

材料 F
全脂奶粉　　100g

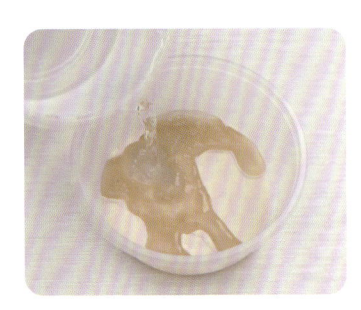

作法

① 寒天粉加入冷開水 1，浸泡 10 分鐘。

② 明膠粉加入冷開水 2，浸泡 10 分鐘。

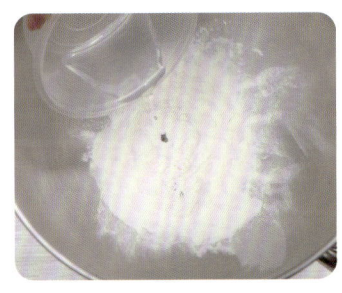

③ 攪拌缸中放入蛋白霜粉，再加入冷開水 3。

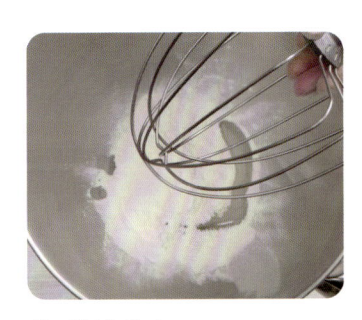

④ 攪拌均勻。

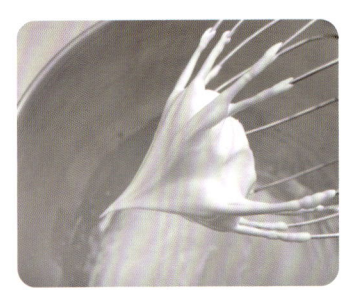

⑤ 快速打發 3-4 分鐘，呈乾性發泡狀態。

⑥ 鍋中秤入水麥芽，加入海藻糖、鹽。

⑦ 加入作法 1 的寒天水。 　⑧ 先把糖沾濕。 　⑨ 中小火煮到：糖漿溫度 132°C / 糖度 90Brix / 糖漿重量 375 克。

⑩ 熄火，糖漿全部倒入乾性發泡的蛋白中，快速打發 1 分 30 秒。 　⑪ 加入作法 2 已溶化的明膠水，快速打發 1 分鐘。 　⑫ 無水奶油和抹茶粉混合融化，加入，快速打發 40 秒。

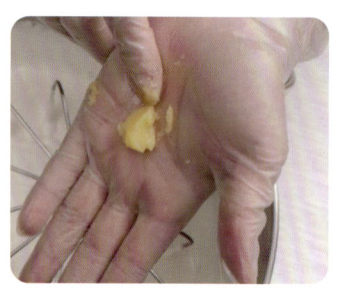

⑬ 手套抹上無水奶油。 　⑭ 將球狀攪拌器拿起清理。 　⑮ 加入過篩好的奶粉。

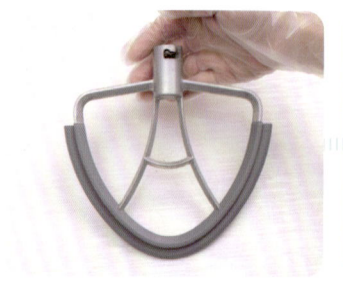

⑯ 用扇形拌打器，慢速拌勻。 　⑰ 基礎抹茶糖團完成。

抹茶牛軋餅

材料 G
可口奶滋

▪ 作法

① 手套抹上無水奶油。取 10g 糖團，揉圓。

② 以兩片餅乾夾心，完成。

抹茶無花果牛軋糖

尺寸：
28×22 cm

材料 F
全脂奶粉　　　200g

材料 H
烤熟南瓜子　　200g
無花果凍乾　　100g

* 製作抹茶糖團的材料 A-E 與作法同前，唯材料 F 的奶粉要改為 200g，讓牛軋糖的質地不會太軟。

▪ 作法

南瓜子 200 克放入烤箱，全火 100°C，烤 25 分鐘，烤熟。

① 加入烤熟的南瓜子。

② 拌勻。

③ 加入切小塊的無花果凍乾，拌勻。

④ 糖盤鋪上烤焙布，將糖團在糖盤上推平。

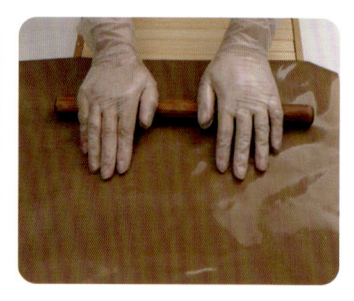

⑤ 用擀麵棍擀平，靜置、冷却、定型2小時。

⑥ 刀子上抹無水奶油。

⑦ 切4公分長條。

⑧ 再切1.5公分小塊。

⑨ 沾上糯米紙粉後，包裝即完成。

無花果雪 Q 餅

尺寸：
28×27 cm

材料 I
奇福餅乾　　250g
無花果乾　　100g

材料 J
奶粉　　　　30g

• 作法

① 將無花果乾切成小塊。

② 攪拌完成的抹茶糖團加入無花果乾，拌勻。

③ 加入奇福餅乾，拌勻。

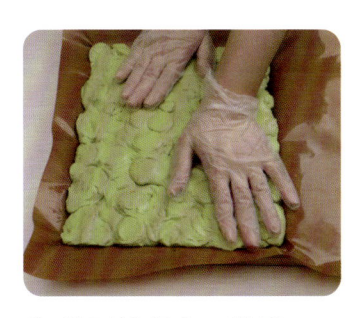

④ 移到糖盤上，整型。

⑤ 表面撒上奶粉（防黏），靜置冷卻、定型 2 小時。

⑥ 刀子上抹無水奶油。

⑦ 切 3 公分長條。

⑧ 再切 3 公分小塊，底部沾上糯米紙粉，完成。

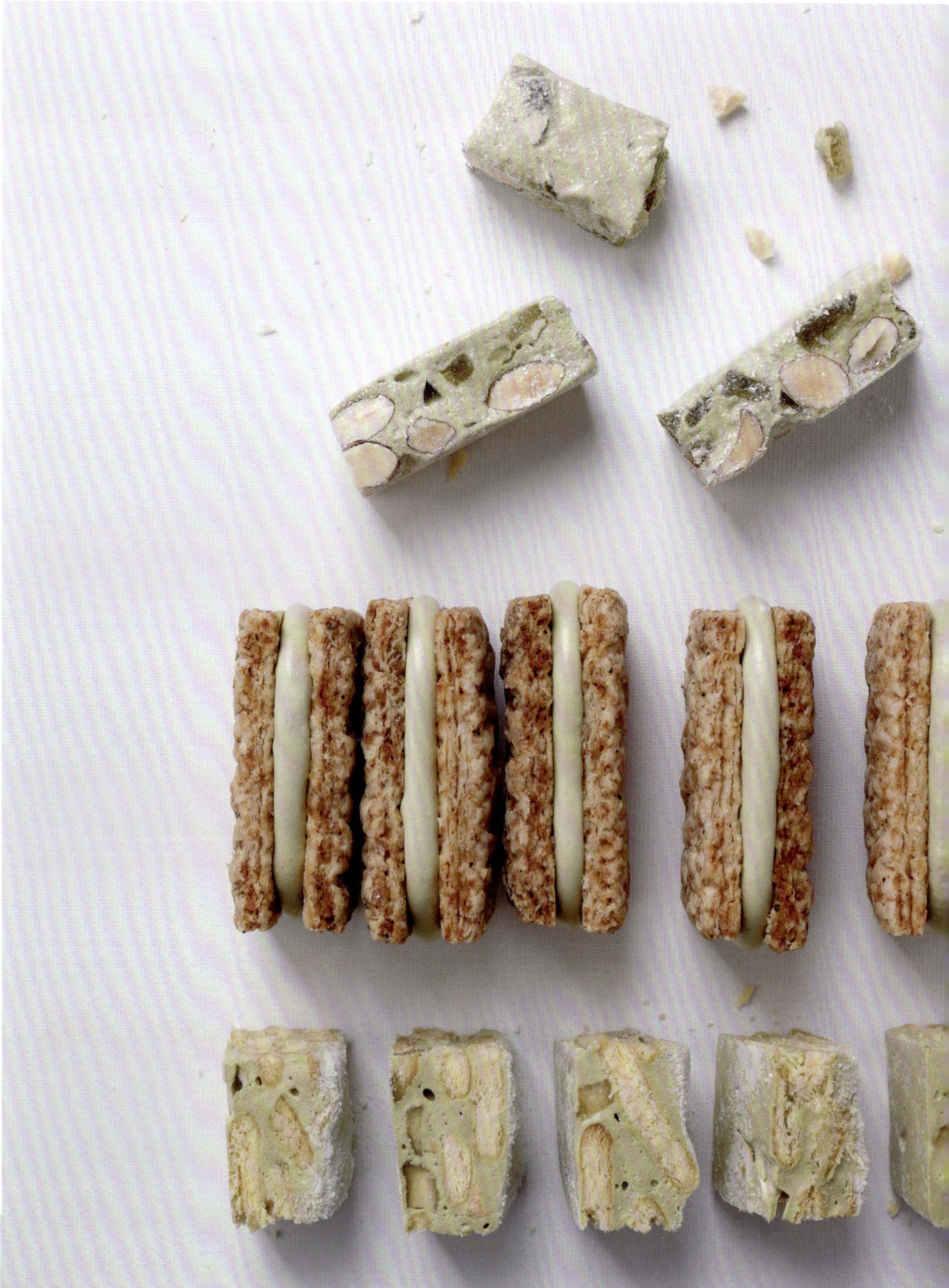

茶香糖團

柚香金萱牛軋餅・柚香杏仁牛軋糖・芭樂柚子雪Q餅

茶香糖團

一份糖團重量 (g)
約 620g

INGREDIENTS_

材料 A
寒天粉　　　　　8g
冷開水 1　　　100g

材料 B
明膠粉　　　　　6g
冷開水 2　　　 24g

材料 C
蛋白霜粉　　　 50g
冷開水 3　　　 40g

材料 D
85% 水麥芽　　300g
海藻糖　　　　 80g
鹽　　　　　　　5g

材料 E
無水奶油　　　 50g
柚香金萱茶　　 15g

材料 F
全脂奶粉　　　110g

▪ 作法

① 寒天粉加入冷開水 1，浸泡 10 分鐘。

② 明膠粉加入冷開水 2，浸泡 10 分鐘。

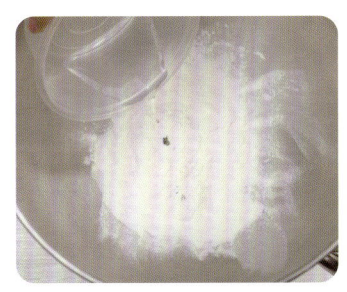

③ 攪拌缸中放入蛋白霜粉，再加入冷開水 3。

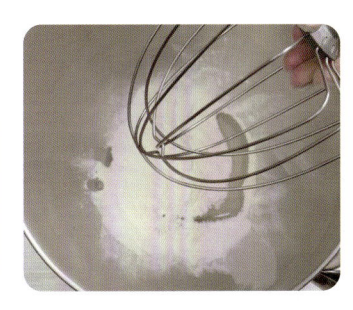

④ 攪拌均勻。

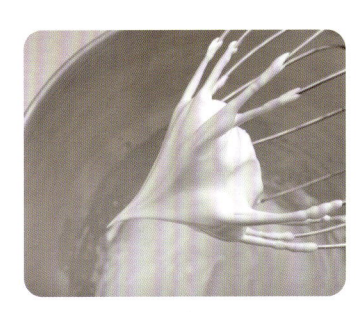

⑤ 快速打發 3-4 分鐘，呈乾性發泡狀態。

⑥ 鍋中秤入水麥芽，加入海藻糖、鹽。

⑦ 加入作法 1 的寒天水。

⑧ 先把糖沾濕。

⑨ 中小火煮到：糖漿溫度 132°C / 糖度 90Brix / 糖漿重量 375 克。

⑩ 熄火，糖漿全部倒入乾性發泡的蛋白中，快速打發 1 分 30 秒。

⑪ 加入作法 2 已溶化的明膠水，快速打發 1 分鐘。

⑫ 無水奶油和金萱茶粉混合融化，加入，快速打發 40 秒。

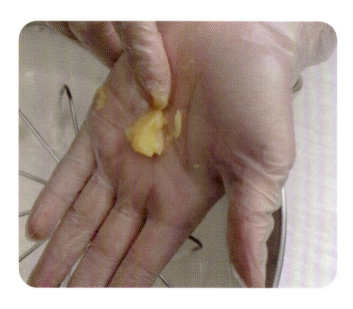

⑬ 手套抹上無水奶油。

⑭ 將球狀攪拌器拿起清理。

⑮ 加入過篩好的奶粉。

⑯ 用扇形拌打器，慢速拌勻。

⑰ 基礎茶香糖團完成。

柚香金萱牛軋餅

材料 G
芭樂方塊酥

• 作法

① 手套抹上無水奶油。取 10g 糖團，揉圓。

② 以兩片餅乾夾心，完成。

柚香杏仁牛軋糖

尺寸：
28×22 cm

材料 F
全脂奶粉　　210g

材料 H
烤熟杏仁果　300g
柚子皮丁　　200g

＊製作茶香糖團的材料 A-E 與作法同前，唯材料 F 的奶粉要改為 210g，讓牛軋糖的質地不會太軟。

• 作法

杏仁果 300 克放入烤箱，全火 100℃，烤 85 分鐘，烤熟。

① 先將柚子皮切小丁。

② 加入糖團中，拌勻。

茶香糖團

③ 加入烤熟的杏仁果,拌勻。

④ 糖盤鋪上烤焙布,將糖團在糖盤上推平。

⑤ 讓糖團靜置、冷卻、定型 2 小時。

⑥ 刀子上抹無水奶油。

⑦ 切 4 公分長條。

⑧ 再切 1.5 公分小塊。

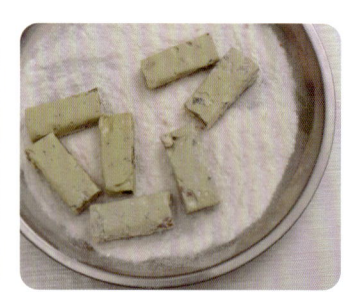

⑨ 沾上糯米紙粉後,包裝即完成。

芭樂柚子雪Q餅

尺寸：
28×22 cm

材料 I
奇福餅乾	250g
芭樂乾	150g

材料 J
奶粉	30g

▪ 作法

① 將芭樂乾切成小塊。

② 攪拌完成的茶香糖團加入芭樂乾，拌勻。

③ 加入奇福餅乾，拌勻。

④ 移到糖盤上，整型。

⑤ 表面撒上奶粉（防黏），靜置冷却、定型2小時。

⑥ 刀子上抹無水奶油。

⑦ 切3公分長條。

⑧ 再切3公分小塊，底部沾上糯米紙粉，完成。

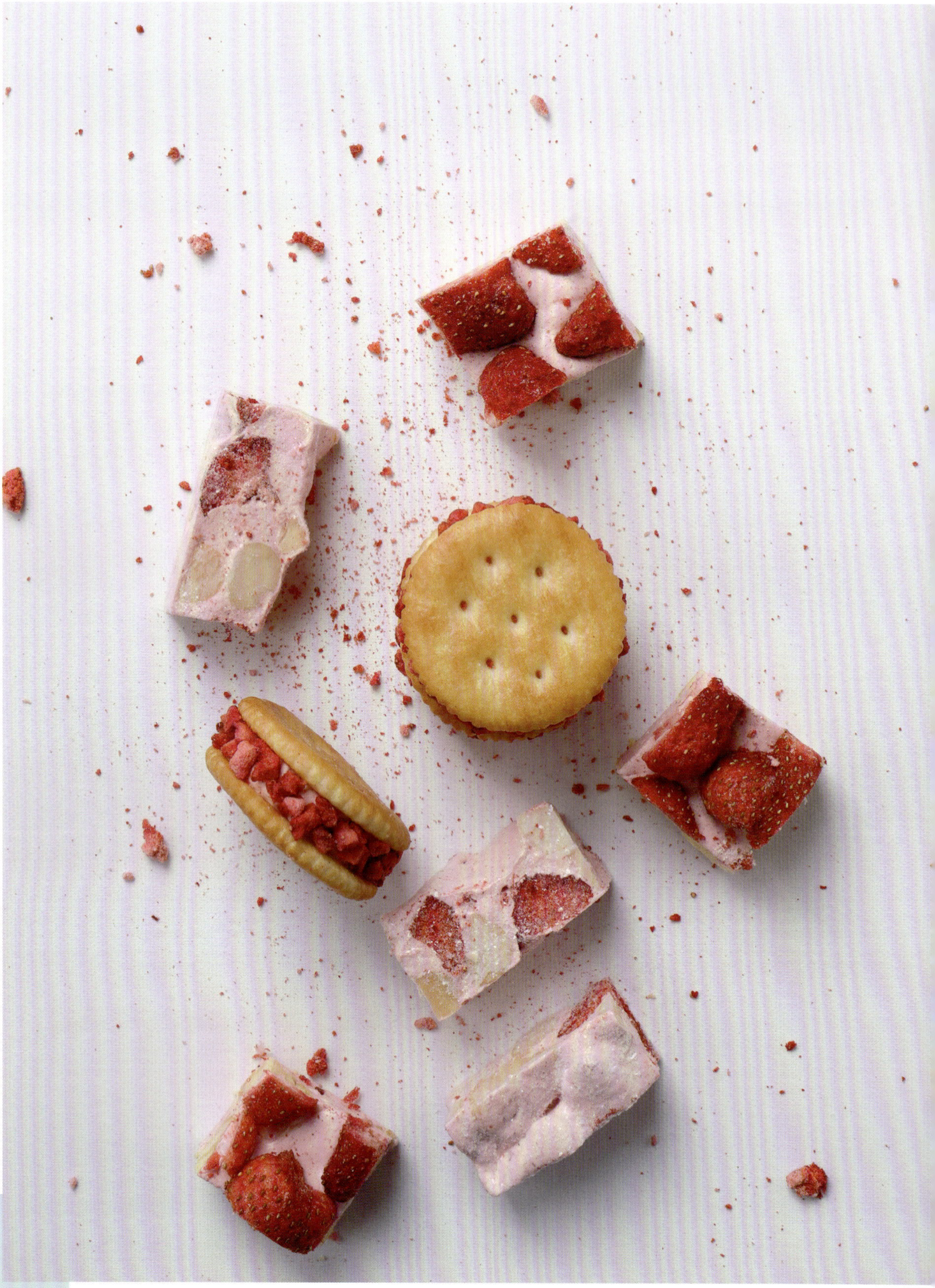

PART 8

草莓糖團

草莓牛軋餅・草莓夏威夷牛軋糖・草莓凍乾雪Q餅

草莓糖團

一份糖團重量 (g)
約 620g

INGREDIENTS_

材料 A
寒天粉　　　　　8g
冷開水 1　　　100g

材料 B
明膠粉　　　　　6g
冷開水 2　　　　24g

材料 C
蛋白霜粉　　　　50g
冷開水 3　　　　40g

材料 D
85% 水麥芽　　300g
海藻糖　　　　　80g
鹽　　　　　　　5g

材料 E
無水奶油　　　　50g

材料 F
全脂奶粉　　　100g
草莓粉　　　　　30g

▪ 作法

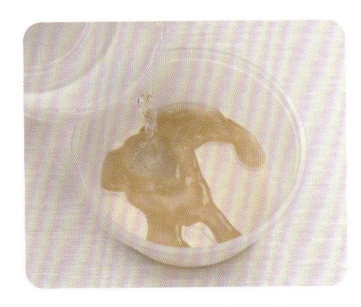

① 寒天粉加入冷開水 1，浸泡 10 分鐘。

② 明膠粉加入冷開水 2，浸泡 10 分鐘。

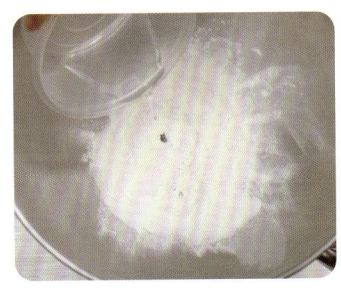

③ 攪拌缸中放入蛋白霜粉，再加入冷開水 3。

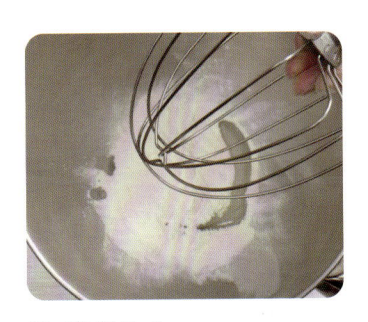

④ 攪拌均勻。

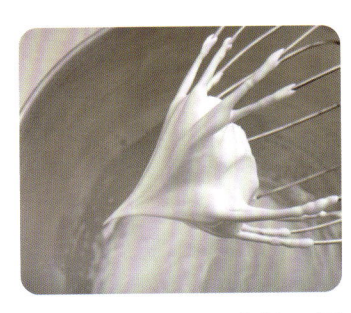

⑤ 快速打發 3-4 分鐘，呈乾性發泡狀態。

⑥ 鍋中秤入水麥芽，加入海藻糖、鹽。

⑦ 加入作法 1 的寒天水。

⑧ 先把糖沾濕。

⑨ 中小火煮到：糖漿溫度 132°C / 糖度 90Brix / 糖漿重量 375 克。

⑩ 熄火，糖漿全部倒入乾性發泡的蛋白中，快速打發 1 分 30 秒。

⑪ 加入作法 2 已溶化的明膠水，快速打發 1 分鐘。

⑫ 加入融化的無水奶油，快速打發 40 秒。

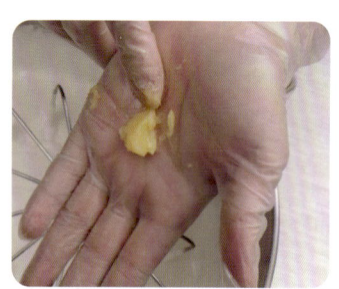

⑬ 手套抹上無水奶油。

⑭ 將球狀攪拌器拿起清理。

⑮ 加入過篩好的奶粉及草莓粉。

⑯ 用扇形拌打器，慢速拌勻。

⑰ 基礎草莓糖團完成。

草莓牛軋餅

材料 G
RITZ 餅乾
草莓碎粒　　　50g

▪ 作法

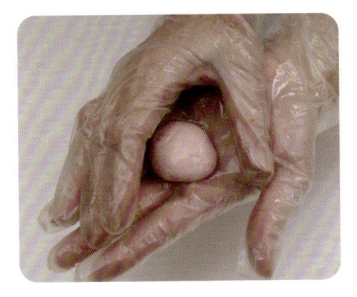

① 手套抹上無水奶油。取 10g 糖團，揉圓。

② 以兩片餅乾夾心，側邊沾上草莓碎粒，完成。

草莓夏威夷牛軋糖

尺寸：
28×22.5 cm

材料 F
全脂奶粉　　　200g
草莓粉　　　　30g

材料 H
烤熟夏威夷豆　300g
草莓凍乾　　　100g

＊ 製作草莓糖團的材料 A-E 與作法同前，唯材料 F 的奶粉要改為 200g，讓牛軋糖的質地不會太軟。

▪ 作法

夏威夷豆 300 克放入烤箱，全火 100℃，烤 40 分鐘，烤熟。

① 加入烤熟的夏威夷豆，拌勻。

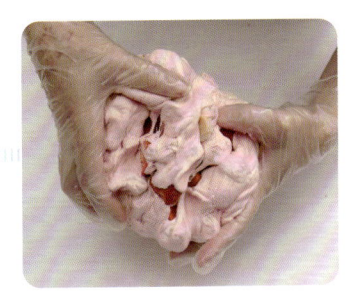

② 加入切小塊的草莓凍乾，拌勻。

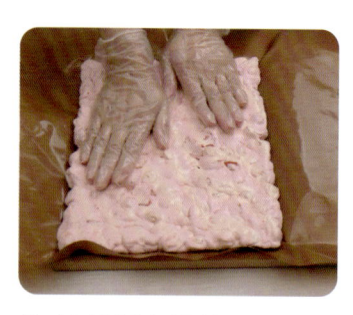

③ 糖盤鋪上烤焙布,將糖團在糖盤上推平。

④ 讓糖團靜置、冷却、定型 2 小時。

⑤ 刀子上抹無水奶油。

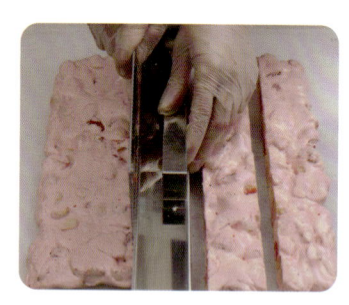

⑥ 切 4 公分長條。

⑦ 再切 1.5 公分小塊,沾上糯米紙粉後,包裝即完成。

草莓凍乾雪Q餅

尺寸：
28×26.5 cm

材料 I
奇福餅乾　　　250g
草莓凍乾　　　100g

材料 J
奶粉　　　　　30g

▪ 作法

① 攪拌完成的草莓糖團加入奇福餅乾，拌勻。

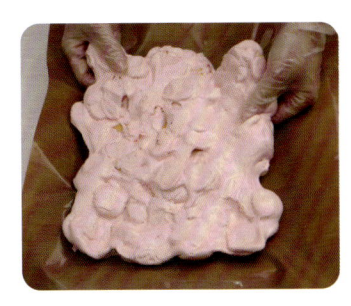

② 移到糖盤上，整型。

③ 在表面貼上草莓凍乾，靜置冷卻、定型2小時。

④ 刀子上抹無水奶油。

⑤ 切3公分長條。

⑥ 再切3公分小塊，底部沾上糯米紙粉，完成。

麥田金的軟糖解密：

掌握糖漿、水分、溫度、甜度製作關鍵，從基礎脆糖到風味軟糖，50 款職人級完美配方全解析

作者	麥田金
攝影	王正毅
美術設計	Zoey Yang
版面編排	王韻鈴
社長	張淑貞
總編輯	許貝羚
責任編輯	彭秋芬
行銷企劃	黃禹馨
發行人	何飛鵬
事業群總經理	李淑霞
出版	城邦文化事業股份有限公司 麥浩斯出版
地址	115 台北市南港區昆陽街 16 號 7 樓
電話	02-2500-7578
傳真	02-2500-1915
購書專線	0800-020-299
發行	英屬蓋曼群島商家庭傳媒股份有限公司城邦分公司
地址	115 台北市南港區昆陽街 16 號 5 樓
電話	02-2500-0888
讀者服務電話	0800-020-299（9:30AM~12:00PM；01:30PM~05:00PM）
讀者服務傳真	02-2517-0999
讀者服務信箱	csc@cite.com.tw
劃撥帳號	19833516
戶名	英屬蓋曼群島商家庭傳媒股份有限公司城邦分公司
香港發行	城邦〈香港〉出版集團有限公司
地址	香港九龍土瓜灣土瓜灣道 86 號順聯工業大廈 6 樓 A 室
電話	852-2508-6231
傳真	852-2578-9337
Emailm	hkcite@biznetvigator.com
馬新發行	城邦〈馬新〉出版集團 Cite (M) Sdn Bhd
地址	41, Jalan Radin Anum, Bandar Baru Sri Petaling, 57000 Kuala Lumpur, Malaysia.
電話	603-9056-3833
傳真	603-9057-6622
Email	services@cite.my
製版印刷	凱林印刷事業股份有限公司
總經銷	聯合發行股份有限公司
地址	新北市新店區寶橋路 235 巷 6 弄 6 號 2 樓
電話	02-2917-8022
傳真	02-2915-6275
版次	初版一刷 2025 年 5 月
定價	新台幣 580 元
ISBN	978-626-7691-11-3

Printed in Taiwan 著作權所有・翻印必究

國家圖書館出版品預行編目 (CIP) 資料

麥田金的軟糖解密：掌握糖漿、水分、溫度、甜度製作關鍵，從基礎脆糖到風味軟糖，50 款職人級完美配方全解析 / 麥田金作 . -- 初版 . -- 臺北市：城邦文化事業股份有限公司麥浩斯出版：英屬蓋曼群島商家庭傳媒股份有限公司城邦分公司發行, 2025.05
192 面 ; 19x26 公分
ISBN 978-626-7691-11-3(平裝)

1.CST: 點心食譜

427.16　　　114004047